# 长白落叶松遗传改良

赵曦阳　李志新　著

U0350377

中国林业出版社

**图书在版编目（CIP）数据**

长白落叶松遗传改良/赵曦阳，李志新著．—北京：中国林业出版社，
2019.12

ISBN 978-7-5219-0354-6

Ⅰ．①长… Ⅱ．①赵… ②李… Ⅲ．①长白落叶松－遗传改良
Ⅳ．①S791.229.04

中国版本图书馆 CIP 数据核字（2019）第 258721 号

出版发行　中国林业出版社（100009　北京西城区刘海胡同 7 号）
电　　话　010-83143564
印　　刷　北京中科印刷有限公司
版　　次　2019 年 11 月第 1 版
印　　次　2019 年 11 月第 1 次
成品尺寸　170mm×240mm
印　　张　7.25
字　　数　150 千字
定　　价　45.00 元

# 目　录

# 第1章

# 绪 论

长白落叶松(*Larix olgensis*)是松科(Pinaceae)落叶松属(*Larix*)的落叶高大乔木，树干通直，树高最大可达30m，胸径可达1m，树冠尖塔形(崔海涛等，2012；周旭昌等，2014)，雌雄同株，分长枝和短枝两型，叶在长枝上散生。其适应能力强(胡国宣，1989)，在我国主要分布于黑龙江东南部及辽宁、吉林东部长白山地区，国外的朝鲜和俄罗斯也有少量分布(Zhu et al.，2010)。从生长习性上来说，属于阳性速生树种(李储山等，2014)，春季新发针叶呈鲜绿色，细密幽美，是庭园和街道绿化的优良树种(胡国宣，1989)。长白落叶松木材细密坚韧，纹理直，耐久用，可用于建筑、造船、土木工程、细木工等(Wang et al.，2013)，已成为东北地区非常重要的用材树种之一。另外长白落叶松中提取的北美黄杉素还具有许多重要的生物学活性，能够抑制和激活多种酶(付警辉等，2014)，从而产生不同的生理效应，具有抵抗病毒和治疗肿瘤的功效(乔华等，2003)，且其剥下来的树皮还可提取单宁和鞣酸(胡国宣，1989)，具有较强的药用价值。

长白落叶松在中国自然种质资源丰富，并且随着长白落叶松优树的选育及良种的推广和造林(李凤鸣等，1996)，我国长白落叶松良种造林面积在21世纪初就已经达全国总造林面积的10%，总蓄积量占全国木材总蓄积量的7.8%(杨传平，2001)，体现出巨大的改良潜力。国内落叶松早期的遗传改良研究大约于20世纪60年代开始，其研究内容主要包括基因资源的收集、种群间遗传进化关系(胡新生和王笑山，1999)、优树选择和种源试验(于秉君和杨传平，1988)、良种繁育以及种子园的营建和管理技术等(白玉明等，2007)，经过国家"六五"、"七五"、"八五"等阶段的科技攻关，取得了一批重大成果(张含国等，1997)，并且在各地建立了长白落叶松种子园及其良种繁育基地。由于我国山区林地类型复杂多变，因此，在长白落叶松良种引种选育上，适地种源的选择是保证良种造林存活率的基础，杨书文等(1991)、周显昌等(1987)和杨传平等(1991)分别就长白落叶松种源试验展开过研究，为进一步的改良研究提供了条件。另外，国内早期对于优树、优良家系或无性系的选择研究，大多集中在树高、胸径和材积等单一性状的选择上，但随着育种水平的提高和育种目的的多样化，将生长和木材性状联合选择(李艳霞等，2012)，兼顾开花结实特性(崔宝禄等，2011)、种子发芽特性(马常耕等，1986)和抗逆性(陈全光，2012)等具备改良潜力性状的选择研究逐渐引起人们的重视。

　　总之，长白落叶松已成为我国东北地区重要的造林树种，具有非常重要的观赏、用材和药用价值，合理的开发、利用和保护长白落叶松，对于其种质资源的保存和遗传改良具有重要意义，国内外已经开展了一系列关于长白落叶松育种的研究，取得一定效果。

# 1.1　长白落叶松种子园研究进展

　　林木种子园是将所选优树，按特殊设计要求而实行集约经营，为生产优良遗传品质种子所建立的特种人工林(Li W, et al.,2011)，其生产的种子产量和品质好坏对于林木良种推广、造林等具有重要意义。从 1880 年荷兰人建立金鸡纳霜树(*Cinchona ledgeriana*)种子园至今，欧洲许多国家先后对许多针叶树种开展了种子园营建工作(福克纳 R 著，徐燕千译，1981；White et al.,1993)，相比国内育种进程较快，但其对林木群体良种的选育，也是遵从选优、建园、子代测定、再选择和再建园的轮回选育方式和路线(张磊，2012；沈熙环，1994)。有些林业发达国家甚至制定了少数树种整套系统的遗传改良体系，并突破了无性繁殖难等问题，建立了多种新型种子园(彭方仁，1992)。

　　我国长白落叶松种子园始建于 20 世纪 70 年代，在中国东北地区营建了多个长白落叶松种子园，虽然在遗传改良上取得了一定的成就，但绝大多数种子园仍然存在种子产量不足，遗传增益较低的问题，急需制定育种方针，进行疏伐和改良，选育优良无性系或家系，从而改良、升级和建立高世代种子园，提高其整体的遗传增益(Funda et al.,2009；Lindgren et al.,2004)。目前对于长白落叶松优良家系或无性系的选择研究大多以生长性状或木材性状为评价指标进行选择(刘克俭等，2016；潘志清和胡尔贤，1995；刘录和郭淑华，1998)，但随着育种目标的多样化，多个性状进行联合选择的方式已经表现出越来越重要的地位(Yin et al.,2017；贾庆斌等，2016)。另外随着育种技术的提高，以培育抗逆新品种的选择方式也逐渐显示出一定的潜力(何学友等，1997；Feng et al.,1996)。

　　由于林木生长周期长，林木种子园在优树亲本选择时，往往只是通过表型性状优劣进行评价选择，但优良亲本不代表子代优良（王章荣，2012）。因此，通过全同胞或半同胞子代测定对种子园亲本进行评价选择，获得更高、更稳定的遗传增益对种子园的发展意义重大。子代测定包括半同胞和全同胞家系，冯学军等（2014）和胡立平等（2007）对长白落叶松的半同胞子代测定研究，发现虽然子代群体变异广泛，具有较优良的遗传增益，但相比全同胞子代测定而言，其子代亲本不够明确，并存在基因突变的可能。因此，目前很多专家认为高世代种子园育种群体应该更倾向于全同胞子代测定，因为其不仅遗传了双亲优良特性，并且遗传背景更为清楚，但也有专家认为半同胞家系子代数较全同胞多，子代存在的遗传变异更丰富，所以根据选择效率来同等对待更为重要（Marjokorpi and Ruokolainen，2003；Li G，et al.，2011）。

# 1.2　长白落叶松良种选育研究进展

林木良种是林业建设的基础和物质保证，在林业可持续发展中发挥着重要作用（李帮同，2018）。进行林木良种的选育和推广，是提高林地生产力的根本措施（陈幸良，2008）。在当前林业生产实践中，林木良种是指通过审定，在一定区域内，性状具有一定改良的繁殖材料（王丽娜，2007）。在林木遗传改良过程中，根据育种目标对树木性状进行分析，当遗传变异越大时，树木改良潜力越大，通过选择可以创新优质的繁殖材料（陈晓阳，2005）。随着我国林业的持续发展，林木育种目标已从生产木材为目的转向森林的生态和经济效益（王明庥，2001）。作为北方地区主要造林和造纸树种之一（张克，2001），长白落叶松具有生长速度快、适应性强等特点（郑重，2002），在东北林区中具有较高的生态地位。进行长白落叶松的良种选育，加快其良种化进程，对提高北方地区社会效益和生态效益具有重要意义。利用树高、胸径和材积等生长性状，对长白落叶松进行评价，研究其种源、家系和无性系之间的差异，对长白落叶松的良种选育进程具有重要推进作用。林木育种开展初期，育种工作者主要对现有的自然遗传变异进行评价研究（郑勇奇，2001）。杨传平等（1991，b）对10年生长白落叶松种源试验林进行分析，发现种源间生长性状变异明显且生产力不同，开展种源试验并进行生长的稳定性分析，对于优良种源的选择和推广具有重要意义。李景云等（2002）对21年生长白落叶松研究发现长白落叶松生长性状基本变异模式呈现为海拔渐变为主、纬向变化为辅的现象，为长白落叶松跨区域调种提供了参考。于宏影等（2017）对凉水林场31年生11个长白落叶松种源的生长性状进行研究发现树高、胸径间变异系数较小，材积与树高较大。在优良种源内进行优良单株的选择并通过营建子代测定林对其进行遗传测定，从中选择出优良家系和优良单株是林木遗传改良的下一进程。冯学军等（2014）对长白落叶松初级种子园内营建的 17 个优树子代测定林的生长性状进行测定发现不同家系间生长性状差异极显著，并从中选择出 2 个最优家系其材积较对照超出 20.28%。李艳霞等（2010）以 37 个家系 19 年生的长白落叶松为材料，探究不同家系间差异情况，相关性分析表明生长性状间呈显著正相关关系，以材积为主兼顾树高、胸径从中筛选出 10 个优良家系。随着无性扩繁技术的发展，选择优良无性系加以扩繁利用，可以有效加快林木良种的推广与应用。王金国等（2011）对青山良种基地内长白落叶松无性系进行研究发现，26 年生长白落叶松材积变异系数为 61.1%，其中 459 号无性系入选优异种质资源，材积生长量较小区平均值超出 70.6%。综合前人研究发现，虽然关于长白落叶松的研究较多，但在优良种源、家系和无性系的选择上大都基于单一性状或少数几个性状进行评价选择，与目前多性状共同改良的育种目标尚有一些差距。部分研究结果表明，不同林木生长的众多表型性状相互关联（黄寿先，2005；毛桃，2007），因此在根据育种目的进行林木良种选择时，往往可以对多个生长性状进行评价选择。

## 1.3 长白落叶松木材性状研究进展

木材是生产和生活的必需资源，在人类社会的发展过程中占有重要的地位，随着社会的不断进步，木材的用途逐渐广泛，与钢材和水泥并称为三大建筑材料，在家具、枕木、桩木、车辆和船舶等方面均得到广泛应用，产生巨大的经济效益（尹思慈，1992）。然而，随着国民经济的迅猛发展和木材应用的逐渐增多，过度消耗我国森林资源，导致我国森林覆盖率仅为全球平均水平的 2/3，人均森林面积占有量为世界平均水平的 1/4，造成目前我国木材资源总量不足和质量不高等问题（包晓斌，2008）。近年来，天然林资源保护工程的实施防止了我国天然林资源枯竭，为满足社会发展对木材的需求，人工林木材将成为今后缓解国内外木材市场供需矛盾的主要材种（黄如楚，2010）。

落叶松为阳性树种，其分布面积广，蓄积量丰富，为落叶松木材的开发和利用奠定了稳固的基础（贾治邦，2009）。近年来，落叶松人工林发展迅速，其成活率高，早期速生，成林成材期早，同时其对恶劣气候及病虫害的抵抗能力较强，得到了广泛的研究应用，经济效益显著（周鉴，2001）。虽然落叶松木材有着诸多优点，但也存在着不足之处，例如由于生长较快导致的木材密度较低，由于木材难以干燥和膨胀系数较大，导致木材易开裂，变形严重等问题，在一定程度上制约了落叶松木材的利用和经济效益（李坚，2006）。为了满足社会需求，获得更优质更符合市场要求的落叶松木材资源，近年来学者们进行了大量的研究，并取得了较大进步。安玉贤（1994）利用碱处理方法对长白落叶松进行处理，使得木材尺寸稳定性提高，抗膨胀性得到显著提高，使木材不易开裂、变形。王天龙（2004）利用碱液皂化法提高了木材的渗透性，增强了防腐效果的同时提高了木材使用性能。唐仲秋（2018）以加格达奇 10 个种源 34 年生长白落叶松为材料，对其基本密度和气干密度进行测定分析，发现在不同种源中，落叶松基本密度和气干密度存在着丰富的变异，最终为加格达奇地区选出优良种源，为当地落叶松生产应用提供优良材料。于宏影等对不同地点的 11 个不同种源长白落叶松解析木密度、物理力学性状和化学成分等进行了综合分析发现，立木材积、冲击韧性和抗弯硬度等物理性状变异系数较大，但纤维形态参数变异系数较小，最终选出穆棱、和龙、天桥岭 3 个建筑用材优良种源和鸡西、穆棱、白刀山 3 个优良纸浆用材种源（于宏影等，2015 a）。段喜华（1997）对不同树龄的长白落叶松木材材性进行了研究，分别测定了株内不同部分的木材性状变异情况，明确了落叶松各部分木材性状的特性，为更好利用落叶松木材奠定了基础。邢新婷（2013）、陆文达（1993）等还对长白落叶松的纤维形态、木材硬度和管胞形态进行了研究，使得木材性状达到市场标准，与实际应用相结合，为落叶松木材在制浆和造纸工业方面的应用提供了理论依据。

## 1.4　长白落叶松抗寒性研究进展

林木只有在合适的温度范围内才能正常生长，当温度过低时就会产生低温冻害（George and Burke，1986），对林木的存活和生长量产生影响，造成降低经济产量等严重后果。由于不同温度下，代谢酶的活性、细胞膜的通透性、电导率等均会有所不同（Lyons and Raison，1983），所以林木生长具有最低、最适和最高三个不同温度，虽然苗木在最适温度下生长最快，但因为自身代谢有机物的消耗，长势反而弱小，实际生产中为培育健壮苗木，一般会要求高于最适温度，即协调的最适温度（张永安，2010）。长白落叶松其耐低温较强，在最低温度达 −50℃ 条件下也能生长，但由于低温对长白落叶松嫩枝冻害的影响，造成新生枝条减少，树木生长量降低。并且在长白落叶松花期，低温冷害还会冻坏子房，影响花粉生命力，对种子园种子产量和品质产生巨大影响。周连忠（周连忠和王洪鹏，2012）、王宣（2008）等用不同温度处理长白落叶松花粉的研究就表明，低温可以降低花粉的生命力，并随着处理时间延长，花粉生命力越低，且离撒粉期越近时，低温冻害的影响就越严重。另外春季晚霜的危害，也会对苗圃幼苗的培育造成影响（车永贵和李丽云，1990）。因此，关于低温胁迫对林木生长的影响，以及其抗寒性的研究受到越来越多育种工作者的重视。

由于低温冻害的影响，植物的细胞形态、细胞膜通透性、细胞外渗电解质大小等生理生化指标会产生变化（钟泰林等，2009；高福元等，2010），因此测定这些指标的变化可用来衡量植物抗寒性的强弱（王璐珺和丁彦芬，2016）。金研铭等（1999）对牡丹（*Paeonia suffruticosa*）抗寒性研究表明，抗寒性强弱与自由水和束缚水比值、叶片栅栏组织细胞长短径比值大小，以及叶绿体数量和面积等有关；裴文等（2014）对木兰科（Magnoliaceae）植物、朱宁华等（2000）对桉树（*Eucalyptus* spp.）的抗寒性研究也表明，人工和自然低温都能使植物相对电导率、可溶性糖、可溶性蛋白和游离脯氨酸含量产生影响，并能作为抗寒性测定指标；武惠肖等（2000）对华北落叶松（*Larix principis-rupprechtii*）抗寒生理指标研究也发现低温会使其可溶性糖等指标增加，增强膜的稳定性，并且 ABA（脱落酸）产生和低温相似的效果，能提高落叶松苗木的抗寒潜力。

自 1932 年 Dexter 首次利用电导率法测定林木抗寒性以来，在黄瓜（*Cucumis sativus*）（刘明池，1992）、香蕉（*Musa nana*）（周玉萍等，2002），以及许多常绿木本植物（仲强等，2011）和园林树木（赵冬芹等，2008）等物种中都进行了大量的研究，并逐渐成为测定植物抗寒性的主要手段。目前对于落叶松抗寒性研究的报道也有不少，主要表现在形态和生理指标测定方面，如靳紫宸等对长白落叶松苗木形态解剖抗寒性研究表明，淀粉积累越早，茎壁细胞壁木质化越早越充分时，遭受寒害越轻（靳紫宸等，1985）；祝燕等对长白落叶松播种苗电导率研究发现，持续供氮有利于提高苗木抗寒性（祝燕等，2013）；姚延梼（2006）、李俊英（2003）等的研究也指出华北落叶松抗寒性与代谢有关酶活性有密切联系；另外高扬等还通过对杂种落叶松（日本落叶松（*Larix kaempferi*）×长白落叶松）半致死温度的研究，综合评价筛选出了几个优良抗寒家系等（高扬等，2013）。因此，随着育种进程的加快，人们对抗逆性育种的重视，以及育种目的的多样化，对长白落叶松抗寒性的研究，将不仅有利于其高寒地区的引种驯化，还能作为良种选育的一项重要指标，从而为长白落叶松的综合评价选择提供基础，并在实际生产实践中，为种子园的经营管理和育种培育提供理论指导。

## 1.5 长白落叶松种实性状与发芽特性研究进展

我国长白落叶松种子园的营建约始于 20 世纪 60 年代，至今已先后建立初级种子园、1.5 代种子园和 2 代种子园等（Zhu et al.，2008），并生产了许多优良遗传品质的种子用于造林，加快了林木良种化的进程，但相比林业发达国家来说仍然较为缓慢。近些年来，由于各地种子园结实量不稳定，种子产量和品质低下，导致造林良种使用率减少，滞后了良种化进程的推进（刘录等，1997）。因此，通过对种实性状和种子发芽特性的变异研究，来指导良种选育和实际生产具有重要意义。

在植物分类和群落演变研究中，种实性状对于种子植物来说，是非常重要的一个特性，其与种子的传播、品质，以及幼苗的生长等具有密切的联系（吕仕洪等，2012）。罗建勋等对不同家系云杉（*Picea aspoerata*）种实性状变异研究就发现，不同家系其种实性状差异显著（罗建勋和顾万春，2004）；林玲等（2014）对青藏高原不同种源砂生槐（*Sophora moorcroftiana*）种子的研究也表明，种实性状在不同种源间具有显著差异，并且随着种源所在海拔的上升，种子千粒重增大，每荚种子数减少，种子发芽率上升，这正是对环境的一种高度适应的表现。Vera 在对西班牙不同种源石楠（*Photinia serrulata*）种子萌发特性研究时也发现，高海拔地区的种子除在种子表型上有差异外，其种子发芽率也有较大差异（Vera，1997）；代波等（2009）对木槿（*Hibiscus syriacus*）、张辉等（2014）对山核桃（*Carya cathayensis*）等的研究结论均指出，种实性状也与幼苗的生长性状有较为密切的相关。因此，种实性状与发芽等特性之间的相互关系，不仅影响着种子自身的表型差异，还会对种子的质量和发芽品质等产生影响，研究种子种实性状间的差异，以及种实性状与种子发芽特性等之间的相关关系具有重要意义。

种子的发芽特性包括发芽率、发芽势和发芽指数等，是评价种子品质好坏的重要依据，对于种子的贮藏、播种量的确定和抗性良种筛选等具有重要意义，并且直接影响着幼苗的生长发育（Yang et al.，2012）。目前已有不少关于种子萌发特性方面的研究报道，如盐胁迫处理下，张才喜等（1998）对番茄（*Lycopersicon esculentum*）、何欢乐等（2005）对黄瓜和阮松林等（2002）对杂交水稻（*Oryza sativa*）等，都分别对种子发芽特性进行研究，比较盐胁迫处理后，不同品种种子发芽特性的差异，从而筛选抗盐优良品种。另外，在种子抗旱性研究方面，还有研究指出在聚乙二醇（PEG）处理下，发芽势、发芽指数和发芽率等发芽特性指标随着 PEG 浓度升高而显著降低，且不同品种间差异不同，从而可以作为初步评价筛选抗旱性的指标（梁国玲等，2007）。因此，将发芽特性作为评价选择时不可忽略的一项重要指标是很有意义和必要的。刘录等在长白落叶松种子播种品质差异研究中也提出，除考虑生长结实量外，种子发芽特性对于无性系优劣评价也是一个重要因子（刘录等，1997）；并且在不同毛泡桐种子发芽研究中，郑兰长等以种子发芽率和发芽势为指标，利用聚类分析对不同品种分组，从而为毛泡桐（*Paulownia tomentosa*）引种培育奠定了基础（郑兰长等，1999）。对于林木种子园来说，种子质量和品质是保证良种利用和推广的前提，通过研究其种实性状的变异，比较种子发芽特性间的差异，对于良种选育、造林和实际生产具有重要意义。

# 1.6　落叶松分子育种研究进展

林木常规育种处于稳步发展的状态，取得了不错的成效。但育种周期长，遗传进程慢是无可避免的重要缺点。因此，科研工作者把研究的方向瞄向分子育种，以期找到高效、快速而准确的育种方式，投入到相关的应用中。由于落叶松遗传转化较难实现，迄今对落叶松相关的报道主要集中在分子标记辅助育种。

## 1.6.1　分子标记种类

从人类遗传学家 Botstein 等（1980）首次提出 DNA 限制性片段多态性作为遗传标记的思想以及 PCR 技术至今，已经发展了十几种基于 DNA 多态性的分子标记技术，在林木中，常用的分子标记为 RFLP（restriction fragment length polymorphism）、AFLP（amplified fragment length polymorphism）、RAPD（random amplified polymorphism DNA）、SSR（simple sequence repeat）和 SNP（single nucleotide polymorphism）等（杨淑红等，2009）。

（1）RFLP 标记

RFLP 即限制性片段长度多态性，由美国学者 Bostein 等（1993）提出，利用特定的限制性内切酶识别并切割不同生物个体的基因组 DNA，得到大小不等的 DNA 片段，所产生的 DNA 数目和片段长度反映 DNA 分子上不同酶切位点的分布情况。RFLP 标记自开发以来，得到了广泛应用，已经利用 RFLP 标记构建了人和许多动物的遗传图谱，国外也有桉树、杨树和日本柳杉等植物的 RFLP 遗传图谱报道。RFLP 是共显性分子标记，做 RFLP 分析的探针制备需要花费相当的时间和费用，进行 RFLP 分析的酶切、转膜、探针标记、分子杂交等过程繁琐，所需费用高，时间长，操作复杂。

（2）AFLP 标记

AFLP 是由 Zabean 和 Ros 于 1992 年发明的一项利用 PCR 技术检测 DNA 多态性的技术。原理是将 DNA 用限制性内切酶酶切，连接上一个接头，根据接头的核苷酸和酶切位点序列设计引物，然后利用两个选择性引物进行特异性 PCR 扩增。AFLP 是显性标记，多态性强，适合绘制指纹图谱及分类研究，AFLP 稳定性好，重复性强，但实验程序较复杂，成本较高。近些年 AFLP 广泛应用于农作物、树木图谱构建、基因定位和克隆、分子标记辅助选择和 DNA 指纹图谱分析。

（3）RAPD 标记

RAPD 是 1990 年 Williams（1990）课题组提出的一种新型的分子标记技术，基本原理是采用单个或者多个碱基随机引物，通过 PCR 对 DNA 扩增，然后利用琼脂糖电泳获得多态性作为遗传标记的方法。RAPD 优点是操作简单，对 DNA 质量要求不高，且 DNA 用量少，目前国际上已经用 RAPD 标记构建了多种树种如火炬松、湿地松、白云杉、挪威云杉、日本柳杉的遗传图谱（谭晓风等，1997）。但 RAPD 为显性标记，难以区别纯合体和杂合体，技术对试验的敏感性强，重复性差（杨淑红等，2009）。

（4）SSR 标记

SSR 又称微卫星 DNA、短串联重复或简单序列多态性。生物基因组内存在许多未知功能的重复序列，其中以串联重复序列的微卫星和小卫星 DNA 适合作为分子标记式样。小卫星的重复单位一般为 11~60bp，主要存在于染色体的近端，不同个体有串联数目的差异，因而可以进行多态性分析和染色体定位。同一微卫星 DNA 可以分布于整个基因组织的不同位置上，由于重复次数不同以及重复程度的不同而造成多态性（谭晓风等，1997）。微卫星分子标记在林木育种中的应用前景十分广阔，可以用于植物基因型鉴定（Chen et al.，2007）、遗传图谱构建（Gaudet et al.，2008）、QTL 定位（Dillen et al.，2009）、种质资源保存、濒危物种保护、基因流检测、群体的遗传漂变、基因突变及系统发生等领域（方宣钧等，2001；黄秦军等，2002）。

（5）单核苷酸多态性标记（SNP）

SNP 即单核苷酸多态性，是一种基于遗传基因组上单个核苷酸变异而引起的 DNA 序列的多态性，属可遗传变异。SNP 技术最早起源于 1994 年，是继二代分子标记技术后新兴起来的第三代分子标记技术（Lander，1996）。相比于其他类分子标记，其特点明显，由于发生单个核苷酸变异的来源可能转换或颠换引起，变异丰富，故表现为数量多，分布广泛；另外，SNP 技术具有二态性，即一般只有两种碱基组成，所以比较利于快速而又规模化筛选；也正由于SNP的二态性特征，亦容易进行基因的分型；对于等位基因的频率采用混合样品估计的方法是快速而又高效的，而关于SNP的等位基因频率更易估算。诸多优势特点决定了SNP技术是未来中最具潜力、最具有发展前景的分子标记方式（唐立群等，2012）。

### 1.6.2 分子标记在落叶松遗传改良种的应用

分子标记在林木遗传改良应用较多，例如，Acheré（2004）等利用RFLP技术的扩增叶绿体基因组基因，理想地区分了日本落叶松和欧洲落叶松；Polezhaeva（2010）等则利用RFLP技术对遗传多样性水平进行评估，同时成功区分了兴安落叶松和华北落叶松；李晓楠（2011）利用AFLP技术分析了华北落叶松天然群体的遗传多样性，Arcade（2000）等则利用AFLP技术区分了不同种类落叶松；Vasyutkina（2007）等利用RAPD标记对不同种类落叶松的遗传关系进行了分析，曲丽娜（2007）等则利用RAPD进行不同种的落叶松特异性鉴定；如张新叶等（2004）利用SSR技术分析落叶松群体间变异，姚宇（2013）等利用SSR技术估算了长白落叶松遗传多样性。再者，EST技术也已成为分析落叶松遗传改良的重要应用，于大德（2014）利用该技术分析了落叶松优树群体的遗传多样性，冯健（2014）通过EST技术获得日本落叶松差异表达的cDNA文库等。

### 1.6.3 SNP分子标记在落叶松遗传改良中的应用

不论是在植物、动物还是人类，基因组内部的变异形式复杂多样，而SNP的分布也很丰富，数量很多。例如，模式植物拟南芥，其基因组平均每66bp即存在一个SNP位点；动物中青虾1749.8bp的基因中共存在81个SNP位点，即平均22bp长度的基因中即有一个SNP位点（张洪伟，2008）；而据报道，人类基因组中约1000bp的基因中即存在一个SNP。这些大多数的变异对生物体本身并无影响，存在于基因的间隔区，很稳定；但也有少数变异存在于外显子上的基因编码区，这种变异改变了序列的编码氨基酸，而其中的一些对基因的表达产生了影响，继而改变了基因功能。通常，学者们把存在于内含子上的变异位点叫做非编码SNP，而存在于外显子上的变异位点称作编码SNP。在编码SNP中，改变氨基酸种类未改变基因功能的位点被称为同义SNP，而既改变了氨基酸种类又改变了基因功能的位点叫做非同义SNP。非同义SNP往往对生物性状有着较大的影响，因此，找到相应的位点对生物遗传表达的研究具有重要意义，也是未来各领域关注的焦点。

基于SNP存在的诸多优势，国内外学者有关SNP的研究有很多，如David等利用SNP技术，对不同种松树木材形成基因的多样性进行了分析，并找出了相关基因在遗传分化中较高的 Tajima's D 值（David，2005）；Thumma（2005）等利用 SNP 技术对亮果桉的木质素合成重要基因 *CCR* 进行研究，经比对验证，找到了多个 SNPs 位点，并发现了 2 个与微纤丝角显著相关的单倍型。Dillon（2010）等对辐射松木材形成的多个相关酶进行了研究，通过 SNP 的关联性分析技术，得到的结果显示相互间存在显著相关性。Ingvarsson（2005）等通过 SNP 标记对野生欧洲山杨群体内及群体间的核苷酸多态性及 LD 水平进行了分析，所得结果对鉴定适应环境相关的位点具有重要意义。而 González（2007）等对具有重要使用价值的火炬松进行研究，对多种基因进行 SNP 位点与表型性状的关联性分析，找到了多个与木质素、纤维素、微纤丝角等表型性状显著相关的位点，此研究中关于多基因关联遗传的探索是绝无仅有的，为 SNP 的候选基因在复杂数量性状上的研究开辟先例，具有重要的参考价值。

我国近些年来关于应用 SNP 的相关研究逐渐增多，李新国（2001）等关于火炬松中 *CAD* 基因的单核苷酸多态性的研究表明，其中 6 个不同碱基区域的核苷酸多态性存在显著差异；杨会肖（2016）等进行了火炬松生长及松脂产量相关基因的单核苷酸多态性分析，找到了多个同义突变位点和多个非同义突变位点，为火炬松分子育种的发展提供了基础；易敏（2015）等对日本落叶松的纤维素合酶（*CesA*）基因进行单核苷酸多态性以及连锁分析，研究发现，基因内部编码区存在多个突变的 SNP 位点，与火炬松相同的基因存在很高的同源性，并且 SNP 连锁不平衡程度与核苷酸序列长度存在一定联系，随着长度的增加逐渐减弱；徐悦丽（2013）等关于长白落叶松的研究中，利用 SNP 技术对于木质素合成相关的 *4CL* 基因进行的分析，结果共找到 178 个多态性位点，证明了长白落叶松具有遗传多样性；管玉霞（2006）对落叶松细胞器中的 DNA 进行 SNP 标记分析，成功地区分了不同种类的落叶松，对落叶松种类的鉴别提供了可信的分子依据。

由于东北地区落叶松遗传改良进程缓慢，种子园升级换代低，良种产量少等问题，本专著以吉林省四平市林木种子园中长白落叶松亲本与子代为材料，对亲本生长性状、木材性状、结实性状、种子性状及抗寒性进行调查研究，筛选优良亲本无性系的同时利用 SNP 方法探讨不同无性系之间亲缘关系，同时探讨与木材相关的 SNPs；本专著还对种子园不同树龄的半同胞家系生长性状进行测定分析，筛选优良家系与子代；本专著可以为长白落叶松良种登记提供基础，也可以为种子园升级换代提供材料，更能为其它树种的遗传改良提供借鉴。

# 第 2 章

# 长白落叶松无性系生长性状变异分析

长白落叶松主要生长于东北北部暖温带的落叶阔叶林区及朝鲜、俄罗斯等远东地区。分布地理位置具体为北纬 35°8′~38°10′、东经 136°45′~140°30′，垂直分布于 900~2500m 范围内（李东升，2011）。长白落叶松生长迅速，其树干通直，自然整枝好，材质优良，是重要的用材林树种（韩艳茹，2009），其天然更新能力强，抗逆性强，也是东北地区重要的生态树种（徐悦丽，2012）。对长白落叶松进行良种选育，可以缓解东北木材供应的需求，也可以为森林更替，荒山造林提供材料。

长白落叶松是重要的用材树种，对其树高与胸径等生长性状评价具有重要意义。本研究利用吉林省四平种子园 208 个落叶松无性系为材料，对其树高和胸径等生长性状进行测定分析，初步对不同无性系进行筛选，为长白落叶松良种选育提供基础，也为其它树种的遗传改良提供依据。

## 2.1 材料与方法

### 2.1.1 试验地点

试验林位于吉林省四平市林木种子园（43°05′N，124°38′E），属温带湿润季风性气候，年平均气温为 5.9℃、年降水量 572.8mm，无霜期 142 天。土壤条件为东北黑棕土，适宜长白落叶松生长。

### 2.1.2 试验材料

试验材料包括 208 个长白落叶松无性系（L1~L102，L209~L311，L313~L315）。该材料于 1987 年采穗并嫁接，1989 年营建长白落叶松林木种子园。试验设计采用随机区组设计的方法，4 大区，每个大区内分为 10 小区，每个小区中，208 个无性系随机排列，株行距 5m×6m。

### 2.1.3 生长性状测定

于 2014 年 4 月对 27 年生 208 个长白落叶松无性系的生长性状（树高、胸径、通直度）进行测定（种子园内所有单株，病虫害或死亡个体除外）。利用树高测量仪(Vertex IV 型)进行树高的测量，利用胸径尺测量胸径，根据 Zhao(2014)的方法测定植株通直度(表 2-1)，所得的通直度数据经过平方根转换后进行数据分析及评价。根据赖猛(2014)关于单株材积的公式计算单株材积：

$$V = 0.0000592372 \times DBH^{1.8655726} \times H^{0.98098962} \tag{2-1}$$

式中：$V$，$DBH$，$H$ 分别代表材积、胸径及树高。

表 2-1　通直度调查的评分准则

| 性状 | 评分 | | | | |
| --- | --- | --- | --- | --- | --- |
| | 1 | 2 | 3 | 4 | 5 |
| 通直度 | 主干存在多于 2 个明显弯曲点 | 主干存在多于 2 个轻微弯曲点或存在 1 个明显弯曲点 | 主干存在 2 个轻微弯曲点 | 主干存在 1 个轻微弯曲点 | 主干完全笔直 |

### 2.1.4　数据分析

所有生长性状数据利用 SPSS19.0 软件进行分析(时立文，2012)。方差分析线性模型利用公式 2-2(续九如，2006)：

$$y_{ij} = \mu + \alpha_i + \varepsilon_{ij} \tag{2-2}$$

式中：$y_{ij}$ 为单株个体的表型，$\mu$ 为总体平均值，$\alpha_i$ 是无性系效应值，$\varepsilon_{ij}$ 随机误差。

变异系数(phenotypic variation coefficients，$PCV$)的计算利用公式 2-3(Hai et al.，2008)：

$$PCV = \frac{SD}{\overline{X}} \tag{2-3}$$

式中：$\overline{X}$ 为表型平均值，$SD$ 为标准差。

重复力 $R$ 的计算参考公式 2-4(梁德洋，2016；Hansen，1997)：

$$R = 1 - 1/F \tag{2-4}$$

式中：$F$ 为方差分析中的 $F$ 值。

无性系的综合评价见公式 2-5(Zhao，2014)：

$$Q_i = \sqrt{\sum_{j=1}^{n} a_i} \tag{2-5}$$

式中：$a_i = X_{ij}/X_{j\max}$，其中 $Q_i$ 为综合分析的评价值，$X_{ij}$ 为每个无性系中某个性状的平均值，$X_{j\max}$ 为所有无性系中该性状平均值中的最大值。

遗传增益的计算参考 Silva(2008)的研究，利用公式 2-6：

$$\Delta G = RW/\overline{X} \tag{2-6}$$

式中：$W$ 为选择差，$R$ 为重复力，而 $\overline{X}$ 则是性状的平均值。

## 2.2 结果与分析

### 2.2.1 方差分析

208 个长白落叶松无性系树高、胸径、通直度和材积的方差分析结果见表 2-2。不同无性系间各指标均存在极显著差异（$P < 0.01$），表明对长白落叶松无性系评价具有一定意义。

**表 2-2 208 个长白落叶松无性系生长性状方差分析表**

| 性状 | 变异来源 | 自由度 | 均方 | $F$ | $P$ |
|------|---------|-------|------|-----|-----|
| 树高 | 无性系 | 207 | 21.15 | 6.644 | 0.000 |
| 胸径 | 无性系 | 207 | 32.596 | 3.193 | 0.000 |
| 通直度 | 无性系 | 207 | 0.051 | 1.567 | 0.000 |
| 材积 | 无性系 | 207 | 0.034 | 4.862 | 0.000 |

### 2.2.2 不同无性系生长性状变异参数

208 个长白落叶松无性系树高、胸径、通直度及材积平均值分别为 12.61m、20.36cm、1.544 和 0.2123m³（表 2-3），各指标无性系间变化范围分别为 9.08 ~ 17.54m，14.48 ~ 26.46cm，1.391 ~ 1.718 和 0.0741 ~ 0.4659m³；各生长性状的表型变异系数变化范围是 9.34%（通直度）~51.78%（材积）；各生长性状重复力的变化范围是 0.362（通直度）~0.849（树高）；高变异系数、高重复力有利于优良无性系的评价选择。

**表 2-3 生长性状变异参数**

| 性状 | 均值 | 变幅 | 变异系数（$PCV$） | 重复力（$h^2$） |
|------|------|------|-----------------|----------------|
| 树高 | 12.61 | 9.08 ~ 17.54 | 20.53 | 0.849 |
| 胸径 | 20.36 | 14.48 ~ 26.46 | 18.74 | 0.687 |
| 通直度 | 1.544 | 1.391 ~ 1.718 | 9.34 | 0.362 |
| 材积 | 0.2123 | 0.0741 ~ 0.4659 | 51.78 | 0.794 |

### 2.2.3 各无性系生长性状平均值

208 个长白落叶松无性系树高、胸径、通直度和材积的均值见表 2-4。从树高上看，208 个无性系的总体平均值为 12.61m，L70 无性系树高，达 17.54m，L86 和 L82 其次，数值分别达到了 17.32m 和 17.30m，L271 无性系树高最差，只有 9.08m；从胸径上来看，208 个无性系总体平均值为

20.36cm，胸径最大的无性系为 L59，其值达到 27.20cm，L91 和 L70 次之，分别也达到了 26.68cm 和 26.46cm，胸径最小的无性系是 L246，为 13.58cm；通直度的均值利用开方后的数据进行统计，无性系总体平均通直度为 2.046，其中无性系 L65，L241，L258 和 L294 通直度最优，均达到 2.236，而无性系 L281 的通直度最差，仅有 1.686；208 个无性系材积的平均值为 0.2123，其中材积最大的前三位为无性系 L70，L82 和 L59，数值分别为 0.4659m³，0.4554m³ 和 0.4405m³，而材积最小的无性系是 L271，只有 0.0784m³。

表 2-4　208 个长白落叶松无性系生长性状的均值及标准差

| 无性系 | 树高（m） | 胸径（cm） | 通直度 | 材积（m³） |
|---|---|---|---|---|
| L1 | 12.16 ± 1.85 | 18.56 ± 3.87 | 1.940 ± 0.213 | 0.1710 ± 0.0899 |
| L10 | 10.90 ± 1.22 | 18.98 ± 1.29 | 2.000 ± 0.000 | 0.1495 ± 0.0207 |
| L100 | 14.70 ± 1.11 | 20.16 ± 3.59 | 2.000 ± 0.000 | 0.2284 ± 0.0720 |
| L101 | 14.38 ± 1.16 | 24.28 ± 4.24 | 2.094 ± 0.129 | 0.3179 ± 0.0967 |
| L102 | 14.24 ± 1.43 | 21.02 ± 2.49 | 2.094 ± 0.129 | 0.2408 ± 0.0754 |
| L11 | 12.28 ± 1.50 | 19.08 ± 2.51 | 2.142 ± 0.129 | 0.1746 ± 0.0604 |
| L12 | 11.12 ± 1.65 | 19.08 ± 2.12 | 2.047 ± 0.106 | 0.1580 ± 0.0544 |
| L13 | 13.12 ± 1.32 | 18.56 ± 2.00 | 2.041 ± 0.209 | 0.1749 ± 0.0443 |
| L14 | 12.92 ± 2.90 | 17.74 ± 3.17 | 2.041 ± 0.209 | 0.1661 ± 0.0850 |
| L15 | 12.62 ± 5.12 | 16.92 ± 8.26 | 2.094 ± 0.129 | 0.2058 ± 0.2528 |
| L16 | 10.96 ± 1.92 | 17.98 ± 3.43 | 2.142 ± 0.129 | 0.1456 ± 0.0737 |
| L17 | 10.50 ± 0.79 | 16.02 ± 3.24 | 1.839 ± 0.147 | 0.1094 ± 0.0474 |
| L18 | 11.78 ± 1.31 | 19.08 ± 2.63 | 2.142 ± 0.129 | 0.1683 ± 0.0554 |
| L19 | 11.32 ± 2.42 | 19.28 ± 3.19 | 1.940 ± 0.213 | 0.1690 ± 0.0755 |
| L2 | 10.68 ± 2.01 | 17.62 ± 1.68 | 2.047 ± 0.106 | 0.1312 ± 0.0425 |
| L20 | 11.80 ± 1.97 | 18.20 ± 1.55 | 1.994 ± 0.178 | 0.1513 ± 0.0364 |
| L209 | 11.20 ± 0.97 | 17.54 ± 4.16 | 1.987 ± 0.252 | 0.1397 ± 0.0723 |
| L21 | 11.88 ± 2.05 | 18.96 ± 4.96 | 1.994 ± 0.178 | 0.1781 ± 0.1035 |
| L210 | 10.66 ± 1.63 | 17.60 ± 1.48 | 2.041 ± 0.209 | 0.1300 ± 0.0392 |
| L211 | 11.20 ± 1.12 | 19.00 ± 1.83 | 2.088 ± 0.224 | 0.1558 ± 0.0378 |
| L212 | 10.92 ± 1.66 | 17.52 ± 1.39 | 2.041 ± 0.209 | 0.1314 ± 0.0372 |
| L213 | 10.40 ± 2.25 | 19.44 ± 2.18 | 2.094 ± 0.129 | 0.1557 ± 0.0654 |

（续）

| 无性系 | 树高（m） | 胸径（cm） | 通直度 | 材积（m³） |
|---|---|---|---|---|
| L214 | 11. 16 ± 0. 77 | 19. 16 ± 2. 60 | 1. 987 ± 0. 252 | 0. 1583 ± 0. 0446 |
| L215 | 11. 60 ± 2. 00 | 20. 40 ± 2. 97 | 2. 047 ± 0. 106 | 0. 1896 ± 0. 0719 |
| L216 | 11. 78 ± 0. 77 | 20. 40 ± 2. 06 | 1. 987 ± 0. 252 | 0. 1873 ± 0. 0470 |
| L217 | 11. 06 ± 2. 02 | 19. 30 ± 4. 59 | 2. 041 ± 0. 209 | 0. 1711 ± 0. 0867 |
| L218 | 9. 96 ± 1. 27 | 15. 18 ± 3. 01 | 1. 860 ± 0. 418 | 0. 0926 ± 0. 0350 |
| L219 | 12. 62 ± 2. 54 | 19. 96 ± 2. 06 | 2. 041 ± 0. 209 | 0. 1935 ± 0. 0650 |
| L22 | 12. 40 ± 2. 42 | 18. 76 ± 4. 63 | 2. 047 ± 0. 106 | 0. 1820 ± 0. 0899 |
| L220 | 11. 64 ± 1. 59 | 21. 18 ± 2. 84 | 2. 142 ± 0. 129 | 0. 1995 ± 0. 0562 |
| L221 | 10. 74 ± 0. 90 | 18. 64 ± 2. 95 | 1. 994 ± 0. 178 | 0. 1465 ± 0. 0492 |
| L222 | 11. 46 ± 2. 82 | 19. 44 ± 4. 25 | 1. 940 ± 0. 213 | 0. 1816 ± 0. 1053 |
| L223 | 11. 22 ± 1. 59 | 19. 54 ± 1. 53 | 1. 994 ± 0. 178 | 0. 1652 ± 0. 0435 |
| L224 | 10. 74 ± 0. 98 | 18. 60 ± 2. 55 | 1. 994 ± 0. 178 | 0. 1452 ± 0. 0491 |
| L225 | 11. 76 ± 1. 42 | 20. 90 ± 2. 64 | 2. 094 ± 0. 129 | 0. 1960 ± 0. 0516 |
| L226 | 11. 08 ± 1. 23 | 23. 48 ± 1. 00 | 2. 088 ± 0. 224 | 0. 2273 ± 0. 0376 |
| L227 | 12. 20 ± 2. 30 | 20. 44 ± 3. 74 | 1. 946 ± 0. 120 | 0. 2049 ± 0. 0899 |
| L228 | 11. 12 ± 1. 28 | 19. 70 ± 2. 53 | 2. 094 ± 0. 129 | 0. 1661 ± 0. 0417 |
| L229 | 11. 54 ± 0. 96 | 20. 06 ± 2. 44 | 2. 189 ± 0. 106 | 0. 1777 ± 0. 0481 |
| L23 | 12. 64 ± 2. 14 | 20. 66 ± 3. 41 | 1. 994 ± 0. 178 | 0. 2131 ± 0. 1017 |
| L230 | 11. 08 ± 1. 24 | 18. 78 ± 2. 23 | 1. 994 ± 0. 178 | 0. 1503 ± 0. 0368 |
| L231 | 10. 52 ± 2. 03 | 16. 32 ± 3. 40 | 2. 088 ± 0. 224 | 0. 1169 ± 0. 0626 |
| L232 | 11. 60 ± 1. 83 | 18. 34 ± 1. 63 | 2. 189 ± 0. 106 | 0. 1520 ± 0. 0459 |
| L233 | 11. 56 ± 0. 90 | 21. 08 ± 1. 90 | 1. 946 ± 0. 120 | 0. 1936 ± 0. 0334 |
| L234 | 11. 06 ± 1. 78 | 20. 14 ± 2. 00 | 1. 994 ± 0. 178 | 0. 1728 ± 0. 0523 |
| L235 | 11. 42 ± 0. 96 | 18. 50 ± 1. 28 | 2. 088 ± 0. 224 | 0. 1499 ± 0. 0243 |
| L236 | 12. 76 ± 1. 88 | 19. 98 ± 2. 15 | 2. 142 ± 0. 129 | 0. 1971 ± 0. 0634 |
| L237 | 11. 02 ± 0. 69 | 19. 08 ± 2. 74 | 2. 088 ± 0. 224 | 0. 1565 ± 0. 0513 |
| L238 | 11. 02 ± 0. 80 | 20. 30 ± 3. 53 | 2. 041 ± 0. 209 | 0. 1768 ± 0. 0661 |
| L239 | 10. 56 ± 1. 56 | 20. 52 ± 2. 67 | 2. 041 ± 0. 209 | 0. 1723 ± 0. 0571 |
| L24 | 11. 52 ± 2. 22 | 18. 08 ± 2. 04 | 2. 088 ± 0. 224 | 0. 1489 ± 0. 0558 |
| L240 | 9. 62 ± 1. 45 | 17. 50 ± 3. 16 | 1. 839 ± 0. 147 | 0. 1188 ± 0. 0481 |
| L241 | 11. 68 ± 1. 14 | 21. 62 ± 2. 22 | 2. 236 ± 0. 000 | 0. 2070 ± 0. 0498 |

（续）

| 无性系 | 树高（m） | 胸径（cm） | 通直度 | 材积（m³） |
|---|---|---|---|---|
| L242 | 11.18±1.47 | 21.66±3.78 | 2.189±0.106 | 0.2060±0.0829 |
| L243 | 13.02±0.87 | 22.72±2.61 | 2.094±0.129 | 0.2519±0.0571 |
| L244 | 11.28±1.50 | 21.90±2.40 | 2.135±0.225 | 0.2071±0.0644 |
| L245 | 11.02±2.47 | 17.96±3.23 | 2.142±0.129 | 0.1461±0.0705 |
| L246 | 11.28±0.84 | 13.58±1.35 | 2.041±0.209 | 0.0840±0.0207 |
| L247 | 11.52±1.40 | 22.02±2.64 | 2.088±0.224 | 0.2145±0.0697 |
| L248 | 10.04±1.50 | 19.78±1.74 | 1.994±0.178 | 0.1511±0.0377 |
| L249 | 12.30±1.33 | 23.86±5.17 | 1.870±0.358 | 0.2665±0.1129 |
| L25 | 13.46±2.85 | 20.84±3.80 | 2.094±0.129 | 0.2310±0.1111 |
| L250 | 11.58±1.14 | 20.34±1.66 | 2.088±0.224 | 0.1808±0.0285 |
| L251 | 9.58±2.99 | 18.74±2.24 | 2.094±0.129 | 0.1250±0.0359 |
| L252 | 11.32±1.32 | 16.56±2.61 | 2.142±0.129 | 0.1243±0.0461 |
| L253 | 10.50±1.30 | 19.40±2.58 | 2.088±0.224 | 0.1552±0.0579 |
| L254 | 10.78±0.70 | 19.37±1.09 | 2.094±0.129 | 0.1541±0.0195 |
| L255 | 11.02±2.39 | 17.92±1.48 | 1.977±0.336 | 0.1396±0.0473 |
| L256 | 9.28±1.66 | 19.76±2.03 | 2.189±0.106 | 0.1418±0.0541 |
| L257 | 11.00±1.92 | 17.98±3.34 | 1.696±0.394 | 0.1401±0.0592 |
| L258 | 11.94±0.55 | 19.66±0.90 | 2.236±0.000 | 0.1747±0.0134 |
| L259 | 11.94±1.08 | 18.70±3.85 | 2.094±0.129 | 0.1652±0.0664 |
| L26 | 11.16±2.15 | 20.58±4.41 | 2.142±0.129 | 0.1939±0.1103 |
| L260 | 12.08±2.23 | 21.22±3.97 | 2.142±0.129 | 0.2164±0.0942 |
| L261 | 10.82±0.94 | 18.56±2.70 | 2.142±0.129 | 0.1453±0.0457 |
| L262 | 11.52±1.07 | 20.70±1.85 | 1.987±0.252 | 0.1856±0.0279 |
| L263 | 13.30±1.45 | 21.58±3.76 | 2.135±0.225 | 0.2419±0.0966 |
| L264 | 9.10±1.97 | 15.74±5.43 | 1.886±0.227 | 0.1009±0.0786 |
| L265 | 12.28±0.65 | 16.64±1.95 | 2.142±0.129 | 0.1332±0.0304 |
| L266 | 11.92±1.32 | 19.80±3.55 | 2.047±0.106 | 0.1836±0.0806 |
| L267 | 11.18±0.69 | 20.60±2.51 | 1.994±0.178 | 0.1793±0.0359 |
| L268 | 11.34±1.68 | 19.60±3.63 | 2.094±0.129 | 0.1744±0.0753 |
| L269 | 12.14±1.46 | 20.48±1.43 | 2.189±0.106 | 0.1938±0.0443 |
| L27 | 11.72±1.75 | 18.04±3.31 | 2.041±0.209 | 0.1545±0.0658 |

（续）

| 无性系 | 树高（m） | 胸径（cm） | 通直度 | 材积（m³） |
|---|---|---|---|---|
| L270 | 12.86 ± 1.67 | 19.48 ± 2.07 | 2.189 ± 0.106 | 0.1876 ± 0.0476 |
| L271 | 9.08 ± 1.24 | 14.48 ± 2.22 | 1.977 ± 0.336 | 0.0784 ± 0.0310 |
| L272 | 11.86 ± 1.00 | 20.34 ± 1.20 | 2.189 ± 0.106 | 0.1862 ± 0.0336 |
| L273 | 11.34 ± 2.61 | 20.12 ± 5.84 | 2.000 ± 0.000 | 0.1979 ± 0.1262 |
| L274 | 12.02 ± 0.71 | 17.46 ± 2.99 | 2.094 ± 0.129 | 0.1443 ± 0.0487 |
| L275 | 12.48 ± 2.69 | 18.32 ± 4.56 | 2.041 ± 0.209 | 0.1751 ± 0.0872 |
| L276 | 10.20 ± 2.39 | 18.42 ± 4.34 | 1.766 ± 0.321 | 0.1469 ± 0.0897 |
| L277 | 11.26 ± 1.73 | 20.58 ± 1.82 | 2.041 ± 0.209 | 0.1822 ± 0.0468 |
| L278 | 11.28 ± 1.82 | 21.68 ± 5.51 | 2.024 ± 0.356 | 0.2164 ± 0.1231 |
| L279 | 11.40 ± 2.43 | 18.90 ± 2.39 | 2.047 ± 0.106 | 0.1577 ± 0.0583 |
| L28 | 12.30 ± 1.91 | 19.62 ± 3.85 | 2.094 ± 0.129 | 0.1873 ± 0.0775 |
| L280 | 10.44 ± 1.49 | 18.16 ± 3.00 | 1.940 ± 0.213 | 0.1373 ± 0.0524 |
| L281 | 10.32 ± 2.75 | 18.04 ± 2.14 | 1.686 ± 0.441 | 0.1357 ± 0.0705 |
| L282 | 11.54 ± 1.28 | 21.80 ± 1.11 | 1.994 ± 0.178 | 0.2049 ± 0.0265 |
| L283 | 11.06 ± 2.14 | 19.88 ± 1.65 | 2.041 ± 0.209 | 0.1693 ± 0.0527 |
| L284 | 11.60 ± 1.61 | 18.40 ± 2.39 | 2.088 ± 0.224 | 0.1548 ± 0.0586 |
| L285 | 11.92 ± 0.82 | 19.12 ± 1.82 | 1.934 ± 0.276 | 0.1679 ± 0.0385 |
| L286 | 12.68 ± 2.02 | 21.70 ± 3.17 | 2.189 ± 0.106 | 0.2312 ± 0.0844 |
| L287 | 11.06 ± 1.69 | 19.30 ± 2.14 | 1.876 ± 0.314 | 0.1582 ± 0.0434 |
| L288 | 12.50 ± 1.76 | 19.56 ± 3.74 | 2.142 ± 0.129 | 0.1915 ± 0.0771 |
| L289 | 11.02 ± 1.51 | 16.30 ± 2.39 | 1.994 ± 0.178 | 0.1124 ± 0.0184 |
| L29 | 12.74 ± 2.95 | 19.46 ± 5.73 | 2.094 ± 0.129 | 0.2117 ± 0.1808 |
| L290 | 11.00 ± 1.87 | 17.64 ± 2.50 | 2.094 ± 0.129 | 0.1350 ± 0.0457 |
| L291 | 11.80 ± 1.08 | 22.16 ± 2.35 | 1.833 ± 0.225 | 0.2197 ± 0.0593 |
| L292 | 12.08 ± 1.78 | 16.34 ± 3.72 | 1.883 ± 0.262 | 0.1339 ± 0.0680 |
| L293 | 9.84 ± 1.55 | 19.28 ± 1.79 | 2.041 ± 0.209 | 0.1410 ± 0.0369 |
| L294 | 13.10 ± 2.01 | 22.70 ± 3.26 | 2.236 ± 0.000 | 0.2588 ± 0.0877 |
| L295 | 11.08 ± 1.27 | 18.54 ± 2.25 | 1.994 ± 0.178 | 0.1496 ± 0.0497 |
| L296 | 11.98 ± 2.34 | 21.48 ± 3.36 | 2.189 ± 0.106 | 0.2180 ± 0.1019 |
| L297 | 11.58 ± 1.44 | 18.08 ± 3.17 | 2.189 ± 0.106 | 0.1513 ± 0.0590 |
| L298 | 11.94 ± 2.57 | 20.16 ± 3.56 | 2.189 ± 0.106 | 0.1955 ± 0.0912 |

（续）

| 无性系 | 树高（m） | 胸径（cm） | 通直度 | 材积（m³） |
|---|---|---|---|---|
| L299 | 9. 20 ± 1. 96 | 18. 92 ± 2. 23 | 1. 940 ± 0. 213 | 0. 1310 ± 0. 0567 |
| L3 | 12. 56 ± 2. 60 | 19. 62 ± 4. 60 | 1. 946 ± 0. 120 | 0. 2015 ± 0. 1244 |
| L30 | 12. 88 ± 1. 77 | 20. 64 ± 3. 34 | 2. 094 ± 0. 129 | 0. 2141 ± 0. 0864 |
| L300 | 10. 88 ± 0. 90 | 15. 78 ± 2. 15 | 2. 142 ± 0. 129 | 0. 1074 ± 0. 0318 |
| L301 | 12. 12 ± 1. 64 | 18. 20 ± 2. 79 | 2. 189 ± 0. 106 | 0. 1600 ± 0. 0670 |
| L302 | 11. 02 ± 2. 57 | 15. 98 ± 3. 77 | 2. 047 ± 0. 106 | 0. 1218 ± 0. 0768 |
| L303 | 11. 46 ± 2. 68 | 19. 20 ± 2. 70 | 2. 189 ± 0. 106 | 0. 1702 ± 0. 0782 |
| L304 | 11. 84 ± 1. 90 | 18. 58 ± 3. 43 | 1. 776 ± 0. 242 | 0. 1653 ± 0. 0734 |
| L305 | 12. 10 ± 1. 66 | 18. 94 ± 1. 99 | 2. 189 ± 0. 106 | 0. 1686 ± 0. 0516 |
| L306 | 10. 86 ± 1. 18 | 19. 58 ± 2. 24 | 2. 094 ± 0. 129 | 0. 1611 ± 0. 0433 |
| L307 | 9. 56 ± 1. 72 | 17. 94 ± 2. 52 | 2. 000 ± 0. 000 | 0. 1224 ± 0. 0493 |
| L308 | 12. 66 ± 2. 12 | 22. 96 ± 3. 14 | 2. 189 ± 0. 106 | 0. 2576 ± 0. 0956 |
| L309 | 10. 10 ± 1. 55 | 17. 92 ± 2. 09 | 2. 094 ± 0. 129 | 0. 1278 ± 0. 0436 |
| L31 | 10. 50 ± 2. 14 | 17. 58 ± 4. 16 | 2. 142 ± 0. 129 | 0. 1379 ± 0. 0809 |
| L310 | 10. 80 ± 1. 64 | 19. 40 ± 3. 02 | 2. 041 ± 0. 209 | 0. 1621 ± 0. 0656 |
| L311 | 12. 46 ± 2. 21 | 21. 80 ± 3. 20 | 2. 034 ± 0. 276 | 0. 2312 ± 0. 0888 |
| L313 | 10. 82 ± 1. 72 | 16. 74 ± 1. 78 | 1. 994 ± 0. 178 | 0. 1176 ± 0. 0234 |
| L314 | 11. 04 ± 0. 64 | 20. 72 ± 2. 80 | 1. 893 ± 0. 147 | 0. 1797 ± 0. 0428 |
| L315 | 12. 86 ± 0. 81 | 21. 96 ± 3. 10 | 2. 189 ± 0. 106 | 0. 2359 ± 0. 0713 |
| L32 | 10. 98 ± 1. 26 | 17. 28 ± 3. 15 | 1. 839 ± 0. 147 | 0. 1325 ± 0. 0613 |
| L33 | 11. 78 ± 1. 90 | 18. 44 ± 4. 58 | 2. 142 ± 0. 129 | 0. 1666 ± 0. 1006 |
| L34 | 12. 80 ± 1. 59 | 17. 74 ± 2. 65 | 2. 047 ± 0. 106 | 0. 1605 ± 0. 0640 |
| L35 | 13. 38 ± 1. 45 | 21. 54 ± 1. 30 | 1. 839 ± 0. 147 | 0. 2327 ± 0. 0381 |
| L36 | 9. 78 ± 2. 84 | 18. 02 ± 5. 03 | 1. 946 ± 0. 120 | 0. 1428 ± 0. 1103 |
| L37 | 12. 94 ± 1. 14 | 18. 80 ± 2. 23 | 2. 094 ± 0. 129 | 0. 1757 ± 0. 0434 |
| L38 | 11. 28 ± 1. 29 | 19. 90 ± 2. 24 | 2. 094 ± 0. 129 | 0. 1718 ± 0. 0472 |
| L39 | 11. 08 ± 1. 59 | 19. 62 ± 1. 55 | 2. 094 ± 0. 129 | 0. 1618 ± 0. 0287 |
| L4 | 12. 66 ± 1. 00 | 20. 66 ± 4. 89 | 2. 041 ± 0. 209 | 0. 2132 ± 0. 1045 |
| L40 | 12. 92 ± 1. 36 | 19. 52 ± 3. 22 | 2. 142 ± 0. 129 | 0. 1903 ± 0. 0626 |
| L41 | 13. 54 ± 2. 53 | 21. 92 ± 3. 89 | 2. 041 ± 0. 209 | 0. 2564 ± 0. 1162 |
| L42 | 12. 16 ± 2. 27 | 19. 52 ± 5. 53 | 2. 189 ± 0. 106 | 0. 1978 ± 0. 1241 |

（续）

| 无性系 | 树高（m） | 胸径（cm） | 通直度 | 材积（m³） |
|---|---|---|---|---|
| L43 | 10.66 ± 2.15 | 17.36 ± 3.40 | 2.094 ± 0.129 | 0.1332 ± 0.0645 |
| L44 | 12.26 ± 4.36 | 18.28 ± 4.52 | 2.094 ± 0.129 | 0.1821 ± 0.1335 |
| L45 | 9.70 ± 2.14 | 18.40 ± 1.89 | 2.000 ± 0.000 | 0.1260 ± 0.0926 |
| L46 | 12.60 ± 3.10 | 18.86 ± 3.93 | 2.094 ± 0.129 | 0.1852 ± 0.0967 |
| L47 | 10.72 ± 2.08 | 18.40 ± 4.27 | 2.047 ± 0.106 | 0.1536 ± 0.1061 |
| L48 | 14.58 ± 2.94 | 21.34 ± 3.63 | 2.094 ± 0.129 | 0.2625 ± 0.1191 |
| L49 | 11.68 ± 1.75 | 18.50 ± 2.11 | 2.041 ± 0.209 | 0.1569 ± 0.0512 |
| L5 | 11.50 ± 1.01 | 20.82 ± 5.41 | 1.886 ± 0.227 | 0.1997 ± 0.1058 |
| L50 | 13.30 ± 1.43 | 19.40 ± 1.74 | 1.994 ± 0.178 | 0.1901 ± 0.0367 |
| L51 | 14.70 ± 1.89 | 21.18 ± 2.04 | 2.142 ± 0.129 | 0.2498 ± 0.0614 |
| L52 | 15.00 ± 2.10 | 23.28 ± 4.65 | 2.094 ± 0.129 | 0.3178 ± 0.1381 |
| L53 | 14.90 ± 1.30 | 23.16 ± 2.55 | 2.047 ± 0.106 | 0.3009 ± 0.0879 |
| L54 | 16.46 ± 1.85 | 24.18 ± 3.06 | 2.041 ± 0.209 | 0.3607 ± 0.1122 |
| L55 | 13.70 ± 2.32 | 20.72 ± 4.03 | 1.860 ± 0.418 | 0.2347 ± 0.1089 |
| L56 | 16.96 ± 1.66 | 25.94 ± 4.17 | 2.189 ± 0.106 | 0.4295 ± 0.1750 |
| L57 | 13.76 ± 2.15 | 21.40 ± 3.53 | 1.886 ± 0.227 | 0.2440 ± 0.1002 |
| L58 | 14.66 ± 1.89 | 24.18 ± 3.74 | 2.047 ± 0.106 | 0.3249 ± 0.1270 |
| L59 | 16.48 ± 0.73 | 27.20 ± 2.36 | 1.994 ± 0.178 | 0.4405 ± 0.0657 |
| L6 | 13.40 ± 2.06 | 22.20 ± 3.84 | 2.094 ± 0.129 | 0.2585 ± 0.1193 |
| L60 | 16.80 ± 0.83 | 24.24 ± 1.78 | 1.946 ± 0.120 | 0.3610 ± 0.0392 |
| L61 | 16.44 ± 0.98 | 24.28 ± 3.21 | 2.189 ± 0.100 | 0.3619 ± 0.1005 |
| L62 | 15.00 ± 1.10 | 25.16 ± 3.19 | 2.041 ± 0.209 | 0.3482 ± 0.0809 |
| L63 | 15.68 ± 1.36 | 24.88 ± 3.03 | 2.094 ± 0.129 | 0.3622 ± 0.1058 |
| L64 | 16.86 ± 1.24 | 24.08 ± 3.72 | 2.088 ± 0.224 | 0.3631 ± 0.1047 |
| L65 | 15.60 ± 1.11 | 21.94 ± 2.24 | 2.236 ± 0.000 | 0.2814 ± 0.0618 |
| L66 | 15.20 ± 1.87 | 21.84 ± 3.43 | 2.047 ± 0.100 | 0.2816 ± 0.1063 |
| L67 | 15.00 ± 1.06 | 21.38 ± 2.84 | 2.047 ± 0.106 | 0.2614 ± 0.0763 |
| L68 | 14.06 ± 1.79 | 20.66 ± 2.46 | 1.994 ± 0.178 | 0.2318 ± 0.0767 |
| L69 | 15.32 ± 1.71 | 19.40 ± 1.99 | 2.000 ± 0.000 | 0.2220 ± 0.0663 |
| L7 | 12.38 ± 1.27 | 22.48 ± 2.30 | 2.041 ± 0.209 | 0.2346 ± 0.0536 |
| L70 | 17.54 ± 1.73 | 26.46 ± 4.91 | 2.189 ± 0.100 | 0.4659 ± 0.1749 |

（续）

| 无性系 | 树高（m） | 胸径（cm） | 通直度 | 材积（m³） |
|---|---|---|---|---|
| L71 | 15. 56 ± 2. 62 | 23. 20 ± 2. 36 | 2. 094 ± 0. 129 | 0. 3169 ± 0. 1075 |
| L72 | 13. 92 ± 2. 08 | 22. 24 ± 2. 68 | 1. 886 ± 0. 227 | 0. 2633 ± 0. 0859 |
| L73 | 15. 02 ± 2. 00 | 24. 64 ± 5. 97 | 1. 994 ± 0. 178 | 0. 3572 ± 0. 2118 |
| L74 | 14. 76 ± 1. 90 | 23. 16 ± 4. 24 | 2. 142 ± 0. 129 | 0. 3078 ± 0. 1301 |
| L75 | 15. 90 ± 0. 92 | 20. 92 ± 1. 90 | 2. 094 ± 0. 122 | 0. 2620 ± 0. 0530 |
| L76 | 15. 34 ± 1. 18 | 22. 98 ± 3. 34 | 1. 987 ± 0. 238 | 0. 3082 ± 0. 1039 |
| L77 | 16. 80 ± 1. 22 | 25. 20 ± 2. 47 | 1. 977 ± 0. 336 | 0. 3905 ± 0. 0753 |
| L78 | 13. 20 ± 1. 75 | 21. 92 ± 3. 60 | 1. 994 ± 0. 178 | 0. 2428 ± 0. 0899 |
| L79 | 15. 88 ± 0. 87 | 24. 22 ± 2. 76 | 2. 041 ± 0. 197 | 0. 3476 ± 0. 0874 |
| L8 | 11. 14 ± 2. 36 | 19. 18 ± 3. 46 | 1. 994 ± 0. 178 | 0. 1647 ± 0. 0812 |
| L80 | 15. 14 ± 0. 92 | 23. 42 ± 2. 93 | 2. 088 ± 0. 224 | 0. 3081 ± 0. 0690 |
| L81 | 15. 14 ± 0. 71 | 22. 90 ± 2. 38 | 2. 041 ± 0. 209 | 0. 2966 ± 0. 0677 |
| L82 | 17. 30 ± 2. 30 | 26. 40 ± 4. 19 | 1. 994 ± 0. 178 | 0. 4554 ± 0. 1668 |
| L83 | 14. 76 ± 1. 83 | 22. 54 ± 4. 23 | 1. 987 ± 0. 252 | 0. 2824 ± 0. 0978 |
| L84 | 15. 06 ± 1. 26 | 22. 48 ± 3. 51 | 2. 189 ± 0. 106 | 0. 2914 ± 0. 0991 |
| L85 | 15. 30 ± 1. 55 | 22. 52 ± 2. 30 | 1. 994 ± 0. 178 | 0. 2928 ± 0. 0826 |
| L86 | 17. 32 ± 1. 71 | 25. 12 ± 4. 43 | 1. 994 ± 0. 178 | 0. 4099 ± 0. 1371 |
| L87 | 16. 92 ± 1. 05 | 22. 74 ± 2. 95 | 2. 088 ± 0. 224 | 0. 3279 ± 0. 0869 |
| L88 | 14. 64 ± 2. 62 | 22. 32 ± 2. 88 | 1. 946 ± 0. 120 | 0. 2770 ± 0. 0971 |
| L89 | 15. 28 ± 1. 64 | 23. 22 ± 3. 70 | 2. 047 ± 0. 106 | 0. 3138 ± 0. 1244 |
| L9 | 11. 48 ± 2. 03 | 21. 08 ± 3. 33 | 1. 994 ± 0. 178 | 0. 2002 ± 0. 0802 |
| L90 | 16. 46 ± 0. 85 | 26. 44 ± 2. 76 | 2. 094 ± 0. 122 | 0. 4226 ± 0. 1042 |
| L91 | 16. 56 ± 2. 52 | 26. 68 ± 3. 51 | 1. 994 ± 0. 178 | 0. 4343 ± 0. 1206 |
| L92 | 16. 80 ± 0. 83 | 24. 24 ± 1. 78 | 2. 142 ± 0. 129 | 0. 3610 ± 0. 0392 |
| L93 | 14. 18 ± 1. 24 | 20. 64 ± 1. 35 | 2. 041 ± 0. 209 | 0. 2288 ± 0. 0448 |
| L94 | 14. 42 ± 2. 36 | 20. 60 ± 2. 82 | 2. 047 ± 0. 106 | 0. 2388 ± 0. 0917 |
| L95 | 15. 30 ± 2. 57 | 21. 92 ± 2. 84 | 2. 088 ± 0. 224 | 0. 2828 ± 0. 1150 |
| L96 | 16. 00 ± 1. 83 | 21. 66 ± 1. 75 | 2. 000 ± 0. 000 | 0. 2833 ± 0. 0731 |
| L97 | 13. 48 ± 1. 62 | 20. 78 ± 4. 49 | 2. 041 ± 0. 209 | 0. 2290 ± 0. 1184 |
| L98 | 15. 30 ± 1. 45 | 22. 32 ± 3. 74 | 2. 094 ± 0. 129 | 0. 2890 ± 0. 1014 |
| L99 | 14. 04 ± 1. 70 | 22. 66 ± 3. 38 | 1. 839 ± 0. 147 | 0. 2769 ± 0. 1105 |
| Total | 12. 61 ± 2. 58 | 20. 36 ± 3. 81 | 2. 046 ± 0. 190 | 0. 2123 ± 0. 1099 |

## 2.2.4 综合评价

由于材积是通过树高与胸径计算获得的结果，所以在综合评价过程中未加入此指标，以树高、胸径和通直度作为参考指标，利用布雷金多性状综合评价法，对 208 个长白落叶松无性系进行生长性状综合评价，分析数据参见表 2-5。所有无性系平均 $Q_i$ 值为 1.544，其中，无性系 L70 的 $Q_i$ 值最大，为 1.718，L56，L82 和 L90 位列其后，$Q_i$ 值也分别达到了 1.703，1.688 和 1.687。无性系 L271 的 $Q_i$ 值最小，仅为 1.391。以 5% 的入选率筛选出优良无性系，L70、L56、L82、L90、L59、L91、L61、L92、L86 和 L64 等入选。入选的优良无性系平均树高、胸径、通直度分别为 16.872m，25.684cm 和 2.087，其中树高的平均值比总体平均值高 33.80%，胸径的平均值比总体平均值高 26.13%。筛选的优良无性系树高、胸径遗传增益分别为 28.69% 和 17.96%。

表 2-5　208 个长白落叶松无性系生长性状多性状综合评价

| 无性系 | 树高 | 胸径 | 通直度 | $Q_i$ | 无性系 | 树高 | 胸径 | 通直度 | $Q_i$ |
|---|---|---|---|---|---|---|---|---|---|
| L70 | 17.54 | 26.46 | 2.189 | 1.718 | L18 | 11.78 | 19.08 | 2.142 | 1.527 |
| L56 | 16.96 | 25.94 | 2.189 | 1.703 | L215 | 11.60 | 20.40 | 2.047 | 1.525 |
| L82 | 17.30 | 26.40 | 1.994 | 1.688 | L266 | 11.92 | 19.80 | 2.047 | 1.524 |
| L90 | 16.46 | 26.44 | 2.094 | 1.687 | L9 | 11.48 | 21.08 | 1.994 | 1.523 |
| L59 | 16.48 | 27.20 | 1.994 | 1.683 | L227 | 12.20 | 20.44 | 1.946 | 1.522 |
| L91 | 16.56 | 26.68 | 1.994 | 1.678 | L232 | 11.60 | 18.34 | 2.189 | 1.522 |
| L61 | 16.44 | 24.28 | 2.189 | 1.676 | L22 | 12.40 | 18.76 | 2.047 | 1.521 |
| L92 | 16.80 | 24.24 | 2.142 | 1.675 | L38 | 11.28 | 19.90 | 2.094 | 1.520 |
| L86 | 17.32 | 25.12 | 1.994 | 1.674 | L277 | 11.26 | 20.58 | 2.041 | 1.520 |
| L64 | 16.86 | 24.08 | 2.088 | 1.667 | L216 | 11.78 | 20.40 | 1.987 | 1.520 |
| L77 | 16.80 | 25.20 | 1.977 | 1.664 | L3 | 12.56 | 19.62 | 1.946 | 1.519 |
| L63 | 15.68 | 24.88 | 2.094 | 1.657 | L44 | 12.26 | 18.28 | 2.094 | 1.519 |
| L54 | 16.46 | 24.18 | 2.041 | 1.655 | L33 | 11.78 | 18.44 | 2.142 | 1.519 |
| L87 | 16.92 | 22.74 | 2.088 | 1.654 | L291 | 11.80 | 22.16 | 1.833 | 1.519 |
| L60 | 16.80 | 24.24 | 1.946 | 1.649 | L262 | 11.52 | 20.70 | 1.987 | 1.519 |
| L79 | 15.88 | 24.22 | 2.041 | 1.646 | L259 | 11.94 | 18.70 | 2.094 | 1.518 |
| L65 | 15.60 | 21.94 | 2.236 | 1.642 | L233 | 11.56 | 21.08 | 1.946 | 1.518 |
| L62 | 15.00 | 25.16 | 2.041 | 1.641 | L297 | 11.58 | 18.08 | 2.189 | 1.518 |
| L71 | 15.56 | 23.20 | 2.094 | 1.636 | L268 | 11.34 | 19.60 | 2.094 | 1.518 |

（续）

| 无性系 | 树高 | 胸径 | 通直度 | $Q_i$ | 无性系 | 树高 | 胸径 | 通直度 | $Q_i$ |
|---|---|---|---|---|---|---|---|---|---|
| L84 | 15.06 | 22.48 | 2.189 | 1.632 | L14 | 12.92 | 17.74 | 2.041 | 1.517 |
| L80 | 15.14 | 23.42 | 2.088 | 1.630 | L275 | 12.48 | 18.32 | 2.041 | 1.516 |
| L73 | 15.02 | 24.64 | 1.994 | 1.629 | L34 | 12.80 | 17.74 | 2.047 | 1.516 |
| L74 | 14.76 | 23.16 | 2.142 | 1.628 | L228 | 11.12 | 19.70 | 2.094 | 1.515 |
| L101 | 14.38 | 24.28 | 2.094 | 1.628 | L39 | 11.08 | 19.62 | 2.094 | 1.513 |
| L52 | 15.00 | 23.28 | 2.094 | 1.627 | L238 | 11.02 | 20.30 | 2.041 | 1.512 |
| L89 | 15.28 | 23.22 | 2.047 | 1.625 | L267 | 11.18 | 20.60 | 1.994 | 1.512 |
| L58 | 14.66 | 24.18 | 2.047 | 1.625 | L273 | 11.34 | 20.12 | 2.000 | 1.510 |
| L98 | 15.30 | 22.32 | 2.094 | 1.622 | L15 | 12.62 | 16.92 | 2.094 | 1.509 |
| L81 | 15.14 | 22.90 | 2.041 | 1.618 | L306 | 10.86 | 19.58 | 2.094 | 1.509 |
| L53 | 14.90 | 23.16 | 2.047 | 1.618 | L283 | 11.06 | 19.88 | 2.041 | 1.508 |
| L75 | 15.90 | 20.92 | 2.094 | 1.616 | L284 | 11.60 | 18.40 | 2.088 | 1.507 |
| L95 | 15.30 | 21.92 | 2.088 | 1.616 | L211 | 11.20 | 19.00 | 2.088 | 1.507 |
| L76 | 15.34 | 22.98 | 1.987 | 1.615 | L265 | 12.28 | 16.64 | 2.142 | 1.507 |
| L96 | 16.00 | 21.66 | 2.000 | 1.613 | L239 | 10.56 | 20.52 | 2.041 | 1.506 |
| L85 | 15.30 | 22.52 | 1.994 | 1.610 | L21 | 11.88 | 18.96 | 1.994 | 1.505 |
| L66 | 15.20 | 21.84 | 2.047 | 1.608 | L235 | 11.42 | 18.50 | 2.088 | 1.505 |
| L294 | 13.10 | 22.70 | 2.236 | 1.607 | L5 | 11.50 | 20.82 | 1.886 | 1.505 |
| L51 | 14.70 | 21.18 | 2.142 | 1.605 | L274 | 12.02 | 17.46 | 2.094 | 1.505 |
| L83 | 14.76 | 22.54 | 1.987 | 1.600 | L237 | 11.02 | 19.08 | 2.088 | 1.505 |
| L67 | 15.00 | 21.38 | 2.047 | 1.599 | L254 | 10.78 | 19.368 | 2.094 | 1.504 |
| L48 | 14.58 | 21.34 | 2.094 | 1.597 | L234 | 11.06 | 20.14 | 1.994 | 1.504 |
| L308 | 12.66 | 22.96 | 2.189 | 1.595 | L279 | 11.40 | 18.90 | 2.047 | 1.503 |
| L88 | 14.64 | 22.32 | 1.946 | 1.589 | L49 | 11.68 | 18.50 | 2.041 | 1.503 |
| L102 | 14.24 | 21.02 | 2.094 | 1.588 | L261 | 10.82 | 18.56 | 2.142 | 1.502 |
| L315 | 12.86 | 21.96 | 2.189 | 1.587 | L24 | 11.52 | 18.08 | 2.088 | 1.502 |
| L6 | 13.40 | 22.20 | 2.094 | 1.587 | L217 | 11.06 | 19.30 | 2.041 | 1.501 |
| L243 | 13.02 | 22.72 | 2.094 | 1.586 | L12 | 11.12 | 19.08 | 2.047 | 1.500 |
| L263 | 13.30 | 21.58 | 2.135 | 1.583 | L223 | 11.22 | 19.54 | 1.994 | 1.500 |
| L286 | 12.68 | 21.70 | 2.189 | 1.581 | L285 | 11.92 | 19.12 | 1.934 | 1.499 |
| L94 | 14.42 | 20.60 | 2.047 | 1.580 | L245 | 11.02 | 17.96 | 2.142 | 1.499 |

| 无性系 | 树高 | 胸径 | 通直度 | $Q_i$ | 无性系 | 树高 | 胸径 | 通直度 | $Q_i$ |
|---|---|---|---|---|---|---|---|---|---|
| L41 | 13.54 | 21.92 | 2.041 | 1.578 | L253 | 10.50 | 19.40 | 2.088 | 1.499 |
| L69 | 15.32 | 19.40 | 2.000 | 1.575 | L213 | 10.40 | 19.44 | 2.094 | 1.498 |
| L93 | 14.18 | 20.64 | 2.041 | 1.575 | L27 | 11.72 | 18.04 | 2.041 | 1.498 |
| L100 | 14.70 | 20.16 | 2.000 | 1.573 | L16 | 10.96 | 17.98 | 2.142 | 1.498 |
| L25 | 13.46 | 20.84 | 2.094 | 1.572 | L1 | 12.16 | 18.56 | 1.940 | 1.498 |
| L241 | 11.68 | 21.62 | 2.236 | 1.569 | L310 | 10.80 | 19.40 | 2.041 | 1.497 |
| L99 | 14.04 | 22.66 | 1.839 | 1.567 | L314 | 11.04 | 20.72 | 1.893 | 1.496 |
| L72 | 13.92 | 22.24 | 1.886 | 1.567 | L222 | 11.46 | 19.44 | 1.940 | 1.495 |
| L68 | 14.06 | 20.66 | 1.994 | 1.566 | L256 | 9.28 | 19.76 | 2.189 | 1.495 |
| L296 | 11.98 | 21.48 | 2.189 | 1.566 | L20 | 11.80 | 18.20 | 1.994 | 1.494 |
| L78 | 13.20 | 21.92 | 1.994 | 1.565 | L8 | 11.14 | 19.18 | 1.994 | 1.494 |
| L97 | 13.48 | 20.78 | 2.041 | 1.564 | L214 | 11.16 | 19.16 | 1.987 | 1.493 |
| L7 | 12.38 | 22.48 | 2.041 | 1.564 | L19 | 11.32 | 19.28 | 1.940 | 1.491 |
| L30 | 12.88 | 20.64 | 2.094 | 1.559 | L230 | 11.08 | 18.78 | 1.994 | 1.488 |
| L226 | 11.08 | 23.48 | 2.088 | 1.559 | L10 | 10.90 | 18.98 | 2.000 | 1.488 |
| L270 | 12.86 | 19.48 | 2.189 | 1.558 | L290 | 11.00 | 17.64 | 2.094 | 1.487 |
| L260 | 12.08 | 21.22 | 2.142 | 1.558 | L252 | 11.32 | 16.56 | 2.142 | 1.487 |
| L269 | 12.14 | 20.48 | 2.189 | 1.557 | L295 | 11.08 | 18.54 | 1.994 | 1.485 |
| L311 | 12.46 | 21.80 | 2.035 | 1.556 | L47 | 10.72 | 18.40 | 2.047 | 1.484 |
| L236 | 12.76 | 19.98 | 2.142 | 1.556 | L31 | 10.50 | 17.58 | 2.142 | 1.484 |
| L57 | 13.76 | 21.40 | 1.886 | 1.554 | L248 | 10.04 | 19.78 | 1.994 | 1.480 |
| L249 | 12.30 | 23.86 | 1.870 | 1.554 | L221 | 10.74 | 18.64 | 1.994 | 1.480 |
| L242 | 11.18 | 21.66 | 2.189 | 1.553 | L224 | 10.74 | 18.60 | 1.994 | 1.479 |
| L40 | 12.92 | 19.52 | 2.142 | 1.553 | L43 | 10.66 | 17.36 | 2.094 | 1.477 |
| L258 | 11.94 | 19.66 | 2.236 | 1.550 | L293 | 9.84 | 19.28 | 2.041 | 1.477 |
| L244 | 11.28 | 21.90 | 2.135 | 1.550 | L212 | 10.92 | 17.52 | 2.041 | 1.476 |
| L272 | 11.86 | 20.34 | 2.189 | 1.550 | L287 | 11.06 | 19.30 | 1.877 | 1.476 |
| L298 | 11.94 | 20.16 | 2.189 | 1.550 | L2 | 10.68 | 17.62 | 2.047 | 1.474 |
| L247 | 11.52 | 22.02 | 2.088 | 1.549 | L209 | 11.20 | 17.54 | 1.987 | 1.474 |
| L220 | 11.64 | 21.18 | 2.142 | 1.549 | L251 | 9.58 | 18.74 | 2.094 | 1.474 |
| L4 | 12.66 | 20.66 | 2.041 | 1.547 | L255 | 11.02 | 17.92 | 1.977 | 1.473 |

（续）

| 无性系 | 树高 | 胸径 | 通直度 | $Q_i$ | 无性系 | 树高 | 胸径 | 通直度 | $Q_i$ |
|---|---|---|---|---|---|---|---|---|---|
| L42 | 12.16 | 19.52 | 2.189 | 1.546 | L309 | 10.10 | 17.92 | 2.094 | 1.473 |
| L288 | 12.50 | 19.56 | 2.142 | 1.546 | L210 | 10.66 | 17.60 | 2.041 | 1.472 |
| L29 | 12.74 | 19.46 | 2.094 | 1.542 | L300 | 10.88 | 15.78 | 2.142 | 1.469 |
| L35 | 13.38 | 21.54 | 1.839 | 1.542 | L304 | 11.84 | 18.58 | 1.776 | 1.467 |
| L225 | 11.76 | 20.90 | 2.094 | 1.541 | L231 | 10.52 | 16.32 | 2.088 | 1.461 |
| L55 | 13.70 | 20.72 | 1.860 | 1.541 | L292 | 12.08 | 16.34 | 1.883 | 1.460 |
| L229 | 11.54 | 20.06 | 2.189 | 1.541 | L302 | 11.02 | 15.98 | 2.047 | 1.460 |
| L23 | 12.64 | 20.66 | 1.994 | 1.540 | L280 | 10.44 | 18.16 | 1.940 | 1.459 |
| L45 | 12.22 | 19.95 | 2.094 | 1.539 | L313 | 10.82 | 16.74 | 1.994 | 1.457 |
| L219 | 12.62 | 19.96 | 2.041 | 1.538 | L289 | 11.02 | 16.30 | 1.994 | 1.456 |
| L37 | 12.94 | 18.80 | 2.094 | 1.538 | L307 | 9.56 | 17.94 | 2.000 | 1.449 |
| L305 | 12.10 | 18.94 | 2.189 | 1.538 | L36 | 9.78 | 18.02 | 1.946 | 1.446 |
| L50 | 13.30 | 19.40 | 1.994 | 1.537 | L299 | 9.20 | 18.92 | 1.940 | 1.445 |
| L11 | 12.28 | 19.08 | 2.142 | 1.536 | L32 | 10.98 | 17.28 | 1.839 | 1.444 |
| L28 | 12.30 | 19.62 | 2.094 | 1.536 | L246 | 11.28 | 13.58 | 2.041 | 1.434 |
| L282 | 11.54 | 21.80 | 1.994 | 1.533 | L276 | 10.20 | 18.42 | 1.766 | 1.431 |
| L26 | 11.16 | 20.58 | 2.142 | 1.533 | L257 | 11.00 | 17.98 | 1.696 | 1.431 |
| L46 | 12.60 | 18.86 | 2.094 | 1.532 | L240 | 9.62 | 17.50 | 1.839 | 1.419 |
| L278 | 11.28 | 21.68 | 2.025 | 1.532 | L17 | 10.50 | 16.02 | 1.839 | 1.418 |
| L13 | 13.12 | 18.56 | 2.041 | 1.531 | L281 | 10.32 | 18.04 | 1.686 | 1.416 |
| L250 | 11.58 | 20.34 | 2.088 | 1.530 | L218 | 9.96 | 15.18 | 1.860 | 1.399 |
| L301 | 12.12 | 18.20 | 2.189 | 1.529 | L264 | 9.10 | 15.74 | 1.886 | 1.393 |
| L303 | 11.46 | 19.20 | 2.189 | 1.529 | L271 | 9.08 | 14.48 | 1.977 | 1.391 |
| 平均值 | 12.61 | 20.36 | 2.046 | 1.544 | | | | | |

## 2.3 讨论

遗传和变异是林木育种研究的重要内容（Mwase W，2008），方差分析是育种资源评价的基础（Safavi，2010）。本研究中 208 个无性系各测定指标差异均达极显著水平，表明对此材料进行遗传变异研究具有一定意义；均值分析及变异参数分析概括了无性系总体的生长状态及无性系间各生长性状的变异水平，本研究中树高和胸径的变异系数比徐悦丽（2012）对长白落叶松研究的结果稍高，且树高和胸径的重复力与王继志（1990）和李艳霞（2012 b）关于长白落叶松的研究相似，但比 Hallingback（2013）的研究结果要高，可能主要由于树龄及造林环境差异所导致。本研究中高变异系数与高重复力再一次表明对此材料进行评价选择意义重大。

多性状综合评价汇集了树高、胸径和通直度三个性状，$Q_i$ 值反应了无性系生长性状的综合水平，在 5% 的入选率条件下，对 208 个长白落叶松无性系进行综合评价，共筛选出生长形状优良的 10 个无性系，入选的优良无性系的平均树高、胸径、通直度分别为 16.872m，25.684cm 和 2.087，树高、胸径遗传增益分别达 28.69% 和 17.96%，表明这些无性系相较于其他无性系来讲，生长更具优势，更适宜用材林及生态林的营建，可初步考虑这些材料作为良种审定的基础材料。另外，通过调查发现，种子园中部分无性系（L218、L264 和 L271 等）生长性状较差，作为用材林可以考虑剔除，但是由于这些材料均属于种子园亲本，还需要对其开花、结实性状及子代生长、抗逆性状进行综合评价再进行去劣疏伐。

# 第3章

# 长白落叶松木材性状变异分析

　　长白落叶松主要分布于我国吉林、辽宁东部长白山地区及黑龙江东南地区（王颖，2016），由于其树干通直，成林、成材早，是我国东北地区森林经营和人工造林的主要树种之一（马华文，2008），也是建筑和制浆造纸的重要原料（李艳霞，2017）。由于长白落叶松广泛的用途和潜在的经济价值，对长白落叶松无性系木材性状进行评价选择具有重要意义，目前木材材性改良已经成为林木遗传改良的主要研究方向之一（李艳霞，2017）。

　　近年来，为全面了解长白落叶松木材材性，研究人员对长白落叶松的木材性状进行了一定程度的研究，如邵亚丽（2012）对长白落叶松抗弯弹性模量、抗弯强度、顺纹抗压强度和气干密度等主要物理力学性质进行比较研究，结果表明长白落叶松气干密度与抗弯弹性模量、抗弯强度和顺纹抗压强度呈线性正相关。王艳红（2015）以10个种源的长白落叶松单株为研究对象，通过对与木质素相关的4个重要基因的研究，降低了落叶松木材木质素的含量，对于降低造纸成本和环境保护将具有重要意义。史永纯（2011）对坡位、坡向对长白落叶松木材的纤维长、纤维宽和晚材率等性状的影响进行研究，结果发现生长在上坡和中坡的长白落叶松综纤维素质量分数较高，木素质量分数较低，各种抽提物质量分数亦较低。虽然对长白落叶松木材性状不同方向的研究取得了一定的进展，但将生长与多个木材性状（木材密度、纤维长宽、木质素含量和纤维素含量等）结合对长白落叶松无性系进行评价选择的研究则较少。本研究以吉林省四平市林木种子园208个落叶松无性系为材料，对木材密度、纤维长宽、木质素含量、纤维素含量、半纤维素含量和综纤维素含量等进行测定分析，最终将各性状与生长性状结合进行综合评价和变异研究，为长白落叶松无性系木材性状的遗传改良提供依据。

## 3.1　试验材料与方法

### 3.1.1　试验材料

本试验材料采集地点、材料与 2.1 相同，在第 1 个大区内，每个无性系自南向北于 1.3m 高处钻取 10 个木心（缺少单株的在第二个区组内进行），置于纸筒中带回东北林业大学林木遗传育种国家重点实验室进行木材性状的测定。

### 3.1.2　木材性状测定

#### 3.1.2.1　木材密度测量

木材密度的测量参照成俊卿（1985）的研究，即排水法。首先利用电子天平测量木心质量 $M$，其次将一金属块完全浸入盛有水的烧杯中，观察水上升的刻度，即可得到金属块体积 $V_1$，然后将木心和金属块捆绑在一起，浸入烧杯，再次观察水上升的刻度，即得体积 $V_2$，则木心体积则为 $V_2 - V_1$，木材密度即为：

$$\rho = M / (V_2 - V_1) \tag{3-1}$$

每个无性系测量 4 个木心，获得数据进行分析。

#### 3.1.2.2　纤维长、宽的测量

木材纤维长、宽的测量参照穆怀志（2009）研究中的桀弗雷法离析后利用 ZEISS 光学显微镜进行测量。首先，将木心由髓心向外切削 3mm 宽木片，劈成火柴杆大小细条。然后用体积分数为 10% 的硝酸和质量分数为 10% 的铬酸等体积混合浸泡全部材料，浸泡 4h，用清水清洗数次，用蓝色试纸检查其酸液，去净。再利用洁净的吸管吸取少量材料置于洁净载玻片上，使之分散均匀，覆上盖玻片，最后放在 ZEISS 光学显微镜下测量其纤维的长度及宽度，每个无性系随机测定 45 个完整的纤维。

#### 3.1.2.3　木质素、纤维素、半纤维素、综纤维素及灰分测量

对 208 个长白落叶松无性系木材的木质素、纤维素、半纤维素、综纤维素含量及灰分进行测定。用于测定相应含量的试样先研磨后过筛按照国家标准（GB/T 2677.1—1993）处理，木质素、纤维素、半纤维素和综纤维素含量测定利用 ANKOM 公司的 A2000i 型全自动纤维分析仪完成，即滤袋法进行测定。灰分测量则利用干灰分法（林益明等，2000）进行测定。

中性洗涤液消解后剩余残留为半纤维素、纤维素和木质素，其含量用 $NDF$ 表示；酸性洗涤液消解后剩余残留为纤维素及木质素，其含量用 $ADF$ 表示；72% 的硫酸溶液处理后剩余残留物为木质素，其含量用 $ADL$ 表示。

（1）NDF 的测定

①中性洗涤液的配制：称取 30g 的十二烷基硫酸钠，18.61g 的乙二胺四乙酸二钠，6.81g 的四硼酸钠，4.56g 的磷酸氢二钠，10ml 的三甘醇（三乙二醇）。将上述药品与试剂加入 1L 的蒸馏水中，搅拌均匀，调节 pH 在 6.9 ~ 7.1。

②将 NDF 的洗涤液放在仪器左边的架子上，并在右边的蓝色塑料杯中加入 208ml 的蒸馏水。

③准备好 20g 的无水亚硫酸钠。

④用专用标记笔给滤袋编号，称重，记录滤袋重，去皮，同时做一空白对照。封口备用。

⑤脱脂步骤：在通风橱内进行，将滤袋放入 250ml 的烧杯中，用丙酮浸泡 10 ~ 20min（不含油质、果胶、粘胶的样品只需浸泡 3 ~ 5min），将丙酮倒掉重复上一步，取出后放入通风橱中干燥 10min。

⑥将滤袋放入仪器的托盘中每盘放入 3 个样品，最上层不放任何东西，托盘间呈 120°角放置，确保空着的第 9 个托盘放入重锤后可浸入液面下。

⑦仪器上选择 NDF 的程序，此时确定热水器开启，按 enter 键进入，start 键开始运行。

⑧等待洗涤液浸满液缸中加入 20g 的无水亚硫酸钠。

⑨整个程序需要运行 110min，结束后用手套将样品取出挤压一下上面的水，放入烘箱中（102℃）烘 3h。

⑩接下来将试样取出放入干燥袋中，等待样品冷却后称其重量。此时袋中的物质包括纤维素、半纤维素和木质素。

计算公式：

$$NDF = \left[ W_3 - (W_1 \times C_1) \right] \times 100 / W_2 \tag{3-2}$$

式中：$NDF$ 为中性洗涤纤维含量，%；$W_1$ 为滤袋质量，g；$W_2$ 为样品质量，g；$W_3$ 为消解后滤袋干重，g；$C_1$ 为灰分空白滤袋因素（点燃失重的空白/原空白值），%。

（2）ADF 测定

①稀硫酸的配制：27ml 的浓硫酸加入 1L 的蒸馏水中。即配制成 1.00N 的硫酸溶液。酸性洗涤液的配制：20g 十六烷基三甲基溴化铵（CTAB）加入到 1L 的 1.00N 的硫酸溶液中，适当搅拌使其溶解。另需准备好丙酮。

②将测量 NDF 的样品袋放在托盘中，选择 ADF 的程序，开始即可。

③当 ADF 分析洗涤结束后，打开盖子取出样品，轻压滤袋使水挤出来，将滤袋放入烘箱中（102℃），烘 2 ~ 4h，一般为 3h 即可。

④取出滤袋放入干燥袋中使其冷却，称重记录 ADF 消解后的样品和滤袋重。

计算公式：

$$ADF = \left[ W_3 - \left( W_1 \times C_1 \right) \right] \times 100 / W_2 \qquad (3\text{-}3)$$

式中：$ADF$ 为纤维素和木质素含量,%；$W_1$ 为滤袋质量，g；$W_2$ 为样品质量，g；$W_3$ 为消解后滤袋干重，g；$C_1$ 为灰分空白滤袋因素(点燃失重的空白/原空白值)，% 。

(3) ADL 测定

①配制 72% 的硫酸溶液：取 734.69ml 的浓硫酸，加入到 265.31ml 的蒸馏水中。

②将 ADF 处理后的滤袋放入 3L 烧杯中，加足量的 72% 的硫酸，将滤袋浸没即可。注：滤袋需达完全干燥状态，经冷却至室温后方可加入硫酸，如滤袋有水分，加入硫酸后会产生热，容易将滤袋中的样品烧焦，影响测定结果。

③将 2L 的烧杯放到 3L 的烧杯中，使滤袋完全浸没，并在 30min 内将 2L 烧杯上下提起大约 30 次。之后静置 3h。

④将滤袋取出用水淋洗样品 5 ~ 10 次，洗至 pH 为中性，将样品中的水分挤出。

⑤放入烘箱中(102℃)干燥 4h，之后放入干燥袋中冷却至室温，称重，记录数据。

⑥提前准备好坩埚，将坩埚干燥至恒重(250℃，2h 即可)，凉至室温时将其拿出放在干燥器中，将干燥的坩埚和滤袋一起放入马弗炉中 300℃碳化 30min，不要盖盖子，然后再升温至 600℃，保持 2h。(此步骤前要将坩埚清洗干净，编号，烧至恒重并称重)，记录数据。

计算公式：

$$ADL = \left[ \left( m_2 - m_1 \times C_1 \right) - \left( m_4 - m_3 \right) \right] \times 100 / m \qquad (3\text{-}4)$$

式中：$ADL$ 为木质素含量,%；$m_1$ 为空袋质量，g；$m_2$ 为提取烘干后滤袋 + 样品质量，g；$m_3$ 为坩埚质量，g；$m_4$ 为坩埚 + 灰分质量，g；$C_1$ 为空白袋子校正系数(烘干后质量/原来质量)；$m$ 为样品质量，g。

ANKOM A2000i 型全自动纤维分析仪可测指标：

半纤维素 = $NDF - ADF$

纤维素 = $ADF - ADL$

综纤维素 = $NDF - ADL$

灰分质量通过马弗炉干烧后测量获得。

### 3.1.3　统计与分析

方差分析，变异系数、重复力、综合评价、遗传增益的计算同 2.1.4。

表型相关分析采用公式（续九如，2006）：

$$r_{p_{12}} = \frac{Cov_{p_{12}}}{\sqrt{\sigma_{p_1}^2 \cdot \sigma_{p_2}^2}} \tag{3-5}$$

式中：$Cov_{p_{12}}$ 为 2 个性状的表型协方差，$\sigma_{p_1}^2$，$\sigma_{p_2}^2$ 分别为 2 个性状的表型方差。

## 3.2　结果与分析

### 3.2.1　木材性状单因素方差分析

208 个长白落叶松无性系各木材性状的方差分析结果见表 3-1，除灰分外，其它性状在无性系间差异均达显著水平（$P < 0.05$）。表明以木材性状作为研究内容进行变异分析及优良无性系的评价具有一定意义。

**表 3-1　木材性状方差分析**

| 性状 | 变异来源 | 自由度 | 均方 | $F$ | Sig. |
|---|---|---|---|---|---|
| 木材密度 | 无性系 | 207 | 0.004 | 1.279 | 0.041 |
| 纤维长 | 无性系 | 207 | 3568568.93 | 5.299 | 0.000 |
| 纤维宽 | 无性系 | 207 | 531.201 | 14.211 | 0.000 |
| 灰分 | 无性系 | 207 | 0.000 | 1.379 | 0.249 |
| 木质素 | 无性系 | 207 | 135.387 | 4.869 | 0.000 |
| 纤维素 | 无性系 | 207 | 325.859 | 1.736 | 0.000 |
| 半纤维素 | 无性系 | 207 | 50.974 | 9.872 | 0.000 |
| 综纤维素 | 无性系 | 207 | 266.306 | 1.463 | 0.001 |

### 3.2.2　不同无性系木材性状变异参数

208 个长白落叶松木材密度、纤维长度、纤维宽度、灰分、木质素含量、纤维素含量、半纤维素含量和综纤维素含量平均值分别为 0.543g/m³、3205.58μm、33.56μm、1.52%、22.88%、53.07%、17.48%、70.61%，变化范围分别为 0.397 ～ 0.860g/m³、1921.46 ～ 4396.90μm、27.29 ～ 44.22μm、0.30% ～ 2.50%、7.44% ～ 48.53%、22.90% ～ 70.67%、8.91%～27.32% 和 40.82%～86.72%；各指标表型变异系数变化范围为 12.09%～35.33%，且除了木材密度外，其余各指标表型变异系数均超过

20%；各指标重复力变化范围为 0.218 ~ 0.930，除木材密度、灰分、纤维素含量及综纤维素含量外，其余各指标重复力均超过 0.50。

表 3-2　木材性状变异参数

| 性状 | 均值 | 变幅 | 变异系数 | 重复力 |
|---|---|---|---|---|
| 木材密度 | 0.543 | 0.397 ~ 0.860 | 12.09 | 0.218 |
| 纤维长 | 3205.58 | 1921.46 ~ 4396.90 | 26.81 | 0.811 |
| 纤维宽 | 33.56 | 27.29 ~ 44.22 | 20.68 | 0.930 |
| 灰分 | 1.52 | 0.30 ~ 2.50 | 35.33 | 0.275 |
| 木质素 | 22.88 | 7.44 ~ 48.53 | 34.59 | 0.795 |
| 纤维素 | 53.07 | 22.90 ~ 70.67 | 28.73 | 0.424 |
| 半纤维素 | 17.48 | 8.91 ~ 27.32 | 25.59 | 0.899 |
| 综纤维素 | 70.61 | 40.82 ~ 86.72 | 20.49 | 0.316 |

### 3.2.3　不同无性系木材性状均值分析

208 个长白落叶松无性系木材性状的均值见表 3-3，各无性系木材密度总体平均值为 0.543g/cm³。其中，无性系 L66 木材密度最大，为 0.860g/cm³；L305 和 L84 其次，密度分别为 0.772g/cm³ 和 0.697g/cm³，L308 密度最小，仅为 0.397g/cm³；208 个长白落叶松总体纤维长、纤维宽的平均值分别为 3205.58μm 和 33.56μm，纤维长较大的三个无性系是 L220，L204 和 L218，分别达到 4396.90μm，4028.01μm 以及 3888.28μm，最小的是无性系 L238，为 1921.46μm；纤维宽较大的三个无性系是 L232，L306 和 L88，数值分别为 44.22μm，44.08um 以及 43.19μm，最小的是无性系 L215，仅为 27.29um；208 个长白落叶松木质素总体平均含量为 22.88%，含量最高的是无性系 L250，为 48.53%，其次是 L69 和 L67，含量为 43.35% 和 41.19%，含量最低的是无性系 L57，仅为 7.44%；208 个无性系纤维素含量总体平均值为 53.07%，含量最高的是 L298，达 70.67%，无性系 L217 和 L21 含量也较高，分别为 69.56% 和 69.05%，含量最低的为无性系 L255，只有 22.90%；208 个长白落叶松无性系半纤维素含量总体平均值为 17.48%，其中 L273 最高，达 27.32%，无性系 L60 最低，为 8.91%；综纤维素含量总体平均值为 70.61%，其中无性系 L37 的综纤维素含量最高，达 86.73%，而 L255 含量最低，仅仅 40.82%；灰分物质是木材干烧后留下的无机物质，包含植物体多种微量元素，本研究中 208 个长白落叶松无性系灰分平均值为 1.52%，无性系 L78 和 L258 灰分质量最大，达 2.5mg；而 L298 的灰分质量最小，只有 0.03%。

表 3-3 208 个长白落叶松无性系木材性状均值及标准差

| 无性系 | 木材密度 | 纤维长 | 纤维宽 | 木质素 | 纤维素 | 半纤维素 | 综纤维素 | 灰分 | $Q_i$ |
|---|---|---|---|---|---|---|---|---|---|
| L1 | 0.475±0.009 | 3063.26±419.95 | 33.74±5.45 | 29.92±10.57 | 40.22±30.63 | 23.48±0.11 | 63.69±30.73 | 1.20±0.62 | 1.681 |
| L10 | 0.493±0.074 | 3166.61±496.01 | 32.06±6.57 | 37.05±1.02 | 35.24±0.01 | 25.41±0.01 | 60.65±0.00 | 1.15±0.62 | 1.638 |
| L100 | 0.629±0.244 | 3294.88±528.53 | 29.55±5.16 | 24.63±7.21 | 46.91±23.64 | 22.67±0.01 | 69.58±23.63 | 1.80±0.74 | 1.771 |
| L101 | 0.512±0.035 | 2988.66±373.79 | 31.22±3.97 | 23.23±2.81 | 55.68±5.37 | 19.00±0.87 | 74.67±4.50 | 1.20±0.48 | 1.728 |
| L102 | 0.500±0.022 | 3266.32±395.77 | 36.09±7.33 | 12.12±0.10 | 62.67±10.50 | 20.26±0.22 | 82.93±10.28 | 0.94±0.44 | 1.876 |
| L11 | 0.544±0.018 | 2929.05±231.15 | 31.64±6.09 | 26.21±1.10 | 54.54±4.35 | 17.05±3.39 | 71.59±7.74 | 1.10±0.48 | 1.694 |
| L12 | 0.607±0.085 | 3197.60±470.37 | 32.00±5.16 | 29.42±8.66 | 40.34±16.43 | 23.89±0.34 | 64.23±16.77 | 1.10±0.34 | 1.731 |
| L13 | 0.555±0.024 | 3166.86±448.23 | 33.03±5.27 | 25.22±6.50 | 39.36±20.26 | 16.94±3.62 | 56.29±16.63 | 2.10±0.45 | 1.664 |
| L14 | 0.503±0.023 | 3152.27±388.72 | 32.46±5.57 | 19.86±0.18 | 65.77±0.11 | 10.40±0.99 | 76.17±0.89 | 2.10±0.74 | 1.714 |
| L15 | 0.550±0.030 | 3193.95±342.88 | 34.40±5.36 | 16.36±0.19 | 62.15±0.01 | 18.18±0.10 | 80.33±0.11 | 1.10±0.66 | 1.831 |
| L16 | 0.518±0.016 | 3194.36±301.85 | 33.27±6.03 | 22.93±12.34 | 49.47±31.86 | 17.58±0.18 | 67.05±31.69 | 1.45±0.61 | 1.718 |
| L17 | 0.596±0.086 | 3446.79±429.92 | 29.53±4.27 | 36.89±1.37 | 41.13±0.00 | 19.57±1.00 | 60.70±1.00 | 1.20±0.60 | 1.638 |
| L18 | 0.483±0.024 | 3361.22±455.02 | 33.68±4.79 | 19.45±3.04 | 62.44±5.64 | 17.60±0.86 | 80.05±4.78 | 1.85±0.74 | 1.793 |
| L19 | 0.491±0.075 | 2910.28±382.64 | 34.83±4.89 | 26.43±9.51 | 46.28±28.15 | 17.54±0.13 | 63.82±28.03 | 1.80±0.36 | 1.665 |
| L2 | 0.505±0.031 | 3002.88±447.18 | 31.84±4.27 | 26.61±7.59 | 47.48±28.02 | 11.89±1.44 | 59.36±26.58 | 1.35±0.75 | 1.596 |
| L20 | 0.517±0.054 | 2969.73±307.30 | 32.91±5.36 | 25.95±4.15 | 47.79±15.27 | 21.93±0.21 | 69.71±15.07 | 1.70±0.44 | 1.722 |
| L209 | 0.585±0.124 | 2951.23±332.16 | 29.65±5.78 | 28.32±0.00 | 43.22±0.00 | 18.22±0.00 | 61.44±0.00 | 1.42±0.52 | 1.618 |
| L21 | 0.440±0.011 | 3054.90±328.08 | 30.58±4.90 | 20.00±2.10 | 69.05±8.26 | 10.17±0.78 | 79.22±9.04 | 2.40±0.44 | 1.684 |
| L210 | 0.455±0.094 | 2794.47±343.36 | 31.17±5.05 | 13.53±4.12 | 68.03±2.03 | 18.07±0.49 | 86.10±1.55 | 0.80±0.19 | 1.793 |

（续）

| 无性系 | 木材密度 | 纤维长 | 纤维宽 | 木质素 | 纤维素 | 半纤维素 | 综纤维素 | 灰分 | $Q_i$ |
|---|---|---|---|---|---|---|---|---|---|
| L211 | 0.571±0.124 | 3341.64±456.77 | 30.06±6.61 | 28.73±5.65 | 39.09±21.21 | 25.45±1.13 | 64.54±20.08 | 1.95±0.46 | 1.731 |
| L212 | 0.660±0.038 | 3139.47±412.91 | 29.94±4.38 | 22.79±1.63 | 52.16±2.05 | 20.85±1.74 | 73.01±3.78 | 1.10±0.38 | 1.786 |
| L213 | 0.531±0.088 | 2642.79±346.98 | 27.42±3.85 | 25.64±6.90 | 49.18±19.83 | 18.81±2.71 | 68.00±19.30 | 1.23±0.36 | 1.642 |
| L214 | 0.465±0.003 | 2977.70±335.28 | 30.14±5.60 | 29.02±7.16 | 40.16±23.68 | 22.70±0.55 | 62.87±24.23 | 0.85±0.23 | 1.644 |
| L215 | 0.567±0.007 | 2716.23±239.22 | 27.29±4.34 | 14.14±0.42 | 68.24±2.27 | 16.89±1.19 | 85.13±1.08 | 2.45±0.48 | 1.785 |
| L216 | 0.471±0.056 | 3061.13±292.79 | 31.08±5.42 | 17.23±1.07 | 57.71±1.22 | 10.72±2.43 | 68.43±1.20 | 1.70±0.44 | 1.674 |
| L217 | 0.636±0.054 | 3085.30±271.28 | 31.35±5.57 | 16.35±0.56 | 69.56±2.07 | 12.49±0.26 | 82.05±2.33 | 0.80±0.36 | 1.804 |
| L218 | 0.514±0.082 | 3888.28±406.11 | 30.91±5.57 | 22.35±13.11 | 60.49±0.10 | 13.86±0.42 | 74.35±0.32 | 1.75±0.45 | 1.756 |
| L219 | 0.574±0.037 | 3235.52±446.98 | 31.31±6.38 | 20.49±9.30 | 53.98±31.00 | 13.65±0.05 | 67.62±30.96 | 0.50±0.21 | 1.718 |
| L22 | 0.534±0.056 | 3233.43±479.12 | 32.79±4.61 | 26.05±4.86 | 50.73±18.63 | 22.67±0.98 | 76.07±19.74 | 1.25±0.68 | 1.763 |
| L220 | 0.564±0.090 | 4396.90±583.40 | 33.10±4.36 | 18.54±0.04 | 67.35±6.01 | 10.92±0.16 | 78.26±6.16 | 2.35±0.64 | 1.837 |
| L221 | 0.517±0.032 | 3355.65±575.56 | 30.50±5.40 | 28.92±7.70 | 41.53±27.72 | 25.63±1.40 | 67.16±29.11 | 0.65±0.39 | 1.727 |
| L222 | 0.590±0.031 | 2883.23±279.47 | 34.55±5.50 | 23.53±1.20 | 62.65±3.07 | 12.24±0.97 | 74.88±2.10 | 1.40±0.61 | 1.724 |
| L223 | 0.463±0.062 | 3355.99±615.82 | 29.53±5.59 | 31.40±1.04 | 33.88±1.81 | 18.14±0.90 | 52.02±0.92 | 0.70±0.33 | 1.570 |
| L224 | 0.583±0.053 | 3093.28±617.35 | 31.54±5.90 | 21.72±0.29 | 54.11±2.89 | 19.49±0.44 | 73.60±3.33 | 0.55±0.23 | 1.768 |
| L225 | 0.491±0.033 | 3230.68±531.59 | 30.49±5.15 | 23.18±12.42 | 47.22±32.52 | 19.69±0.43 | 66.91±32.94 | 1.40±0.75 | 1.705 |
| L226 | 0.518±0.075 | 3199.78±318.05 | 33.80±6.85 | 28.10±7.96 | 39.97±21.47 | 20.34±1.00 | 60.31±22.47 | 2.20±0.76 | 1.681 |
| L227 | 0.527±0.103 | 3012.97±473.01 | 32.22±6.04 | 13.95±5.41 | 68.98±15.88 | 10.82±0.77 | 79.79±16.64 | 2.25±0.88 | 1.764 |
| L228 | 0.603±0.076 | 3040.77±434.06 | 31.52±4.76 | 19.23±3.01 | 59.17±13.61 | 16.00±3.18 | 75.17±10.43 | 2.20±0.31 | 1.770 |

（续）

| 无性系 | 木材密度 | 纤维长 | 纤维宽 | 木质素 | 纤维素 | 半纤维素 | 综纤维素 | 灰分 | $Q_i$ |
|---|---|---|---|---|---|---|---|---|---|
| l229 | 0.461±0.056 | 3151.32±428.45 | 30.35±4.69 | 28.98±4.24 | 42.30±16.70 | 23.75±0.92 | 66.05±15.78 | 2.00±0.74 | 1.676 |
| l23 | 0.599±0.028 | 3341.08±379.31 | 36.85±4.54 | 23.15±0.64 | 49.92±0.85 | 20.39±0.12 | 70.31±0.73 | 0.95±0.64 | 1.807 |
| l230 | 0.549±0.104 | 3158.31±425.82 | 28.81±5.93 | 17.51±2.04 | 56.96±2.09 | 21.93±1.45 | 78.89±3.54 | 1.80±0.57 | 1.805 |
| l231 | 0.545±0.046 | 2599.24±437.67 | 41.02±11.13 | 18.56±1.13 | 60.34±1.38 | 17.30±0.43 | 77.64±1.80 | 1.90±0.59 | 1.805 |
| l232 | 0.450±0.045 | 3336.58±499.00 | 38.36±8.83 | 22.21±2.19 | 60.16±14.92 | 17.08±2.92 | 77.25±12.00 | 2.39±0.49 | 1.780 |
| l233 | 0.474±0.070 | 3116.26±337.05 | 44.22±9.10 | 17.20±8.91 | 60.03±26.24 | 15.93±1.08 | 75.97±26.41 | 1.10±0.41 | 1.827 |
| l234 | 0.591±0.041 | 3001.25±402.54 | 35.02±6.32 | 20.99±2.16 | 53.53±2.23 | 20.86±0.66 | 74.39±1.58 | 2.31±0.41 | 1.780 |
| l235 | 0.630±0.191 | 3036.25±551.06 | 37.09±7.93 | 24.18±7.13 | 47.83±24.12 | 18.53±0.07 | 66.35±24.05 | 1.35±0.31 | 1.766 |
| l236 | 0.559±0.037 | 2998.30±390.78 | 31.73±3.83 | 16.52±0.30 | 67.61±2.58 | 15.11±0.20 | 82.72±2.38 | 1.90±0.39 | 1.794 |
| l237 | 0.539±0.020 | 3051.21±455.22 | 33.21±6.32 | 13.09±9.37 | 61.50±12.28 | 21.67±3.51 | 83.17±15.75 | 1.10±0.31 | 1.861 |
| l238 | 0.559±0.023 | 1921.46±381.93 | 37.17±10.51 | 18.34±0.46 | 65.56±4.96 | 15.02±1.47 | 80.58±3.49 | 1.35±0.43 | 1.740 |
| l239 | 0.546±0.006 | 3228.52±572.13 | 36.91±7.58 | 16.69±0.60 | 65.08±1.27 | 10.86±0.10 | 75.95±1.18 | 1.05±0.47 | 1.783 |
| l24 | 0.616±0.033 | 3137.05±386.18 | 32.79±5.23 | 17.15±1.24 | 62.14±10.00 | 19.14±0.66 | 81.28±9.35 | 0.80±0.26 | 1.843 |
| l240 | 0.544±0.008 | 2892.66±585.08 | 40.43±10.47 | 14.03±2.97 | 58.31±1.08 | 15.26±0.80 | 73.57±0.29 | 1.90±0.68 | 1.816 |
| l241 | 0.515±0.003 | 3159.91±470.06 | 28.94±4.44 | 22.80±1.51 | 62.07±4.31 | 13.24±0.14 | 78.64±5.30 | 2.00±0.75 | 1.693 |
| l242 | 0.603±0.124 | 2965.25±727.58 | 29.23±6.32 | 15.09±8.50 | 52.95±23.39 | 23.78±0.18 | 76.73±23.22 | 0.90±0.36 | 1.829 |
| l243 | 0.452±0.221 | 3193.64±380.93 | 37.70±6.21 | 19.30±2.95 | 58.35±10.34 | 13.08±0.38 | 71.43±9.96 | 1.00±0.71 | 1.735 |
| l244 | 0.532±0.042 | 3004.01±411.21 | 28.05±5.02 | 29.39±5.69 | 38.05±17.58 | 13.93±0.06 | 51.98±17.64 | 0.75±0.39 | 1.543 |
| l245 | 0.492±0.026 | 3330.18±532.96 | 32.71±7.29 | 23.38±0.20 | 41.98±1.50 | 23.51±1.64 | 65.49±0.15 | 1.95±0.75 | 1.744 |

（续）

| 无性系 | 木材密度 | 纤维长 | 纤维宽 | 木质素 | 纤维素 | 半纤维素 | 综纤维素 | 灰分 | $Q_i$ |
|---|---|---|---|---|---|---|---|---|---|
| L246 | 0.617±0.040 | 3208.34±375.16 | 31.15±5.43 | 24.66±3.85 | 44.22±9.21 | 13.13±0.68 | 57.35±9.89 | 1.86±0.86 | 1.658 |
| L247 | 0.553±0.000 | 3506.88±338.49 | 30.66±5.11 | 25.95±1.33 | 48.34±2.45 | 22.63±0.05 | 70.98±2.50 | 1.75±0.82 | 1.764 |
| L248 | 0.611±0.069 | 3162.98±542.50 | 32.75±5.49 | 13.91±1.21 | 60.69±2.83 | 22.35±0.42 | 83.04±3.25 | 1.40±0.63 | 1.887 |
| L249 | 0.579±0.149 | 3390.36±458.92 | 31.92±6.16 | 28.69±10.39 | 47.07±27.01 | 10.38±2.63 | 57.45±29.64 | 1.75±0.62 | 1.619 |
| L25 | 0.456±0.058 | 3354.86±379.70 | 34.32±6.04 | 20.56±13.44 | 55.51±27.34 | 17.72±0.06 | 74.56±27.14 | 1.25±0.61 | 1.755 |
| L250 | 0.515±0.035 | 3164.37±333.68 | 30.20±5.77 | 48.53±11.85 | 29.04±14.65 | 15.68±0.95 | 44.72±15.24 | 1.45±0.63 | 1.409 |
| L251 | 0.608±0.008 | 3479.17±602.70 | 31.69±6.07 | 19.62±1.87 | 53.70±3.59 | 22.11±1.02 | 75.80±2.58 | 2.33±0.59 | 1.838 |
| L252 | 0.590±0.108 | 3527.59±544.85 | 33.29±5.15 | 28.86±4.77 | 46.88±14.39 | 22.89±0.03 | 69.76±14.36 | 0.50±0.38 | 1.774 |
| L253 | 0.500±0.054 | 3363.71±447.64 | 38.19±6.65 | 8.87±1.27 | 58.72±6.71 | 19.87±8.94 | 78.59±8.00 | 1.30±0.33 | 1.894 |
| L254 | 0.560±0.123 | 3178.77±596.72 | 30.17±4.77 | 7.52±0.56 | 55.59±3.23 | 20.00±0.82 | 75.59±2.41 | 2.20±0.88 | 1.849 |
| L255 | 0.644±0.109 | 3210.21±367.69 | 30.63±5.16 | 32.21±2.51 | 22.90±10.55 | 17.92±0.04 | 40.82±10.59 | 1.70±0.38 | 1.577 |
| L256 | 0.458±0.005 | 3375.72±676.80 | 40.82±7.64 | 19.33±5.16 | 66.24±19.14 | 14.06±0.69 | 80.31±18.45 | 1.25±0.36 | 1.810 |
| L257 | 0.583±0.034 | 2942.08±424.81 | 34.06±7.20 | 24.36±2.29 | 40.09±8.47 | 22.02±0.17 | 62.11±8.31 | 2.05±0.45 | 1.729 |
| L258 | 0.488±0.055 | 2896.33±422.53 | 28.55±3.81 | 29.58±7.59 | 36.04±26.07 | 15.85±0.77 | 51.88±25.30 | 2.50±0.27 | 1.534 |
| L259 | 0.514±0.090 | 3168.87±401.70 | 32.01±4.85 | 24.35±0.16 | 54.89±1.00 | 16.65±0.52 | 71.53±0.49 | 2.15±0.53 | 1.711 |
| L26 | 0.471±0.057 | 3021.18±301.40 | 33.31±5.50 | 17.97±1.04 | 58.36±9.30 | 20.30±1.16 | 78.66±10.45 | 2.10±0.44 | 1.785 |
| L260 | 0.503±0.045 | 3441.29±385.65 | 31.31±5.57 | 21.86±0.62 | 54.39±2.49 | 22.17±1.68 | 76.56±0.81 | 1.41±0.44 | 1.791 |
| L261 | 0.559±0.076 | 3170.44±274.15 | 31.02±3.09 | 20.85±13.94 | 45.85±32.35 | 22.78±0.16 | 70.63±31.78 | 2.25±0.66 | 1.768 |
| L262 | 0.547±0.075 | 3384.14±442.51 | 29.81±5.86 | 34.69±0.45 | 37.62±4.40 | 12.62±0.56 | 50.24±4.96 | 1.60±0.46 | 1.536 |

（续）

| 无性系 | 木材密度 | 纤维长 | 纤维宽 | 木质素 | 纤维素 | 半纤维素 | 综纤维素 | 灰分 | $Q_i$ |
|---|---|---|---|---|---|---|---|---|---|
| L263 | 0.506 ± 0.031 | 2391.15 ± 473.00 | 39.43 ± 10.91 | 18.92 ± 0.27 | 65.49 ± 1.34 | 13.36 ± 1.69 | 78.86 ± 0.35 | 1.55 ± 0.52 | 1.746 |
| L264 | 0.460 ± 0.034 | 2658.32 ± 485.26 | 31.27 ± 6.32 | 20.77 ± 2.70 | 50.35 ± 9.75 | 22.03 ± 1.99 | 72.38 ± 7.76 | 0.40 ± 0.17 | 1.714 |
| L265 | 0.555 ± 0.124 | 3034.08 ± 336.40 | 31.16 ± 5.03 | 19.97 ± 1.76 | 61.65 ± 3.12 | 14.11 ± 2.55 | 75.76 ± 5.66 | 2.05 ± 0.71 | 1.737 |
| L266 | 0.618 ± 0.068 | 3380.43 ± 658.19 | 31.76 ± 5.95 | 17.37 ± 1.25 | 63.64 ± 3.69 | 14.33 ± 1.81 | 77.97 ± 5.49 | 2.25 ± 0.85 | 1.809 |
| L267 | 0.553 ± 0.005 | 3369.84 ± 498.46 | 35.91 ± 6.09 | 28.65 ± 9.20 | 41.64 ± 29.98 | 24.09 ± 0.31 | 65.74 ± 30.27 | 1.25 ± 0.52 | 1.761 |
| L268 | 0.490 ± 0.024 | 3029.52 ± 378.18 | 31.24 ± 5.18 | 21.99 ± 0.03 | 58.83 ± 0.62 | 18.15 ± 0.47 | 76.98 ± 0.15 | 1.90 ± 0.62 | 1.735 |
| L269 | 0.505 ± 0.042 | 3270.24 ± 483.14 | 37.51 ± 6.80 | 19.99 ± 0.15 | 55.73 ± 4.34 | 15.85 ± 0.35 | 71.58 ± 3.99 | 2.10 ± 0.75 | 1.771 |
| L27 | 0.471 ± 0.045 | 3001.21 ± 325.15 | 32.02 ± 5.00 | 17.51 ± 2.94 | 62.81 ± 5.37 | 17.08 ± 1.15 | 79.89 ± 4.23 | 1.30 ± 0.42 | 1.771 |
| L270 | 0.489 ± 0.020 | 2864.73 ± 404.12 | 30.53 ± 7.49 | 26.68 ± 4.25 | 37.88 ± 13.98 | 17.51 ± 0.91 | 55.39 ± 13.08 | 1.21 ± 0.39 | 1.593 |
| L271 | 0.502 ± 0.094 | 3358.62 ± 346.86 | 39.42 ± 7.67 | 20.78 ± 1.01 | 62.12 ± 2.37 | 16.31 ± 3.04 | 78.43 ± 5.42 | 2.25 ± 0.62 | 1.813 |
| L272 | 0.501 ± 0.091 | 3268.67 ± 546.13 | 30.79 ± 4.26 | 21.07 ± 0.21 | 56.19 ± 1.95 | 16.58 ± 0.61 | 72.78 ± 1.35 | 0.95 ± 0.30 | 1.729 |
| L273 | 0.578 ± 0.041 | 2928.13 ± 329.56 | 29.27 ± 4.26 | 34.12 ± 2.56 | 36.14 ± 0.20 | 27.32 ± 9.41 | 63.46 ± 9.21 | 1.65 ± 0.41 | 1.676 |
| L274 | 0.559 ± 0.062 | 3230.93 ± 504.08 | 30.86 ± 5.08 | 24.59 ± 1.80 | 52.06 ± 10.47 | 19.26 ± 0.45 | 71.32 ± 10.92 | 2.10 ± 0.72 | 1.737 |
| L275 | 0.631 ± 0.044 | 3150.10 ± 386.14 | 29.87 ± 5.02 | 29.30 ± 4.58 | 43.36 ± 15.06 | 20.77 ± 0.02 | 64.14 ± 15.04 | 1.40 ± 0.38 | 1.702 |
| L276 | 0.618 ± 0.025 | 3190.01 ± 762.89 | 34.03 ± 7.18 | 20.89 ± 2.51 | 42.10 ± 5.20 | 12.59 ± 0.58 | 54.68 ± 5.77 | 1.25 ± 0.40 | 1.685 |
| L277 | 0.545 ± 0.013 | 3259.60 ± 386.76 | 39.11 ± 9.11 | 12.87 ± 3.22 | 67.53 ± 11.50 | 17.16 ± 0.73 | 84.69 ± 10.83 | 1.60 ± 0.45 | 1.891 |
| L278 | 0.619 ± 0.009 | 2707.32 ± 248.34 | 28.91 ± 3.65 | 23.93 ± 3.31 | 42.29 ± 11.02 | 15.50 ± 2.97 | 57.79 ± 8.05 | 2.05 ± 0.71 | 1.632 |
| L279 | 0.550 ± 0.046 | 1951.38 ± 301.05 | 35.68 ± 10.55 | 36.87 ± 1.41 | 37.81 ± 5.32 | 25.27 ± 0.24 | 63.08 ± 5.56 | 2.30 ± 0.95 | 1.609 |
| L28 | 0.443 ± 0.037 | 3404.23 ± 317.00 | 36.29 ± 6.79 | 15.47 ± 5.48 | 66.50 ± 0.01 | 14.12 ± 0.01 | 80.62 ± 0.01 | 1.95 ± 0.64 | 1.802 |

（续）

| 无性系 | 木材密度 | 纤维长 | 纤维宽 | 木质素 | 纤维素 | 半纤维素 | 综纤维素 | 灰分 | $Q_i$ |
|---|---|---|---|---|---|---|---|---|---|
| L280 | 0.679±0.232 | 3190.74±513.19 | 32.03±6.39 | 39.61±1.89 | 32.15±8.14 | 19.80±0.41 | 51.95±7.74 | 0.85±0.38 | 1.614 |
| L281 | 0.441±0.058 | 3261.82±467.20 | 38.44±7.86 | 33.34±10.96 | 37.19±12.90 | 21.98±0.57 | 59.17±12.34 | 1.70±0.43 | 1.664 |
| L282 | 0.591±0.122 | 3600.88±538.41 | 38.81±8.00 | 21.17±1.37 | 61.24±0.63 | 15.01±9.99 | 76.26±10.63 | 1.85±0.71 | 1.834 |
| L283 | 0.561±0.049 | 3329.26±302.19 | 35.02±7.98 | 19.31±0.36 | 59.03±1.98 | 17.67±0.29 | 76.70±1.69 | 1.75±0.63 | 1.813 |
| L284 | 0.457±0.009 | 3373.20±374.35 | 38.37±5.92 | 23.31±0.41 | 58.19±0.67 | 15.82±0.94 | 74.01±0.27 | 1.34±0.91 | 1.757 |
| L285 | 0.641±0.188 | 3255.47±411.67 | 30.49±3.90 | 19.23±0.12 | 65.66±0.05 | 10.78±0.84 | 76.43±0.89 | 1.80±0.38 | 1.761 |
| L286 | 0.538±0.043 | 3497.89±303.62 | 37.09±6.22 | 19.69±10.50 | 62.83±30.72 | 9.38±0.62 | 72.21±30.10 | 1.70±0.26 | 1.757 |
| L287 | 0.518±0.049 | 3270.88±284.89 | 39.56±6.56 | 22.29±0.89 | 53.38±10.98 | 21.69±2.12 | 75.07±13.10 | 1.35±0.46 | 1.825 |
| L288 | 0.519±0.035 | 3002.15±365.22 | 30.21±6.25 | 22.97±0.29 | 60.51±3.25 | 12.02±1.14 | 72.53±2.11 | 2.25±0.94 | 1.673 |
| L289 | 0.433±0.094 | 3244.20±470.38 | 37.19±7.49 | 20.13±1.13 | 67.22±1.46 | 11.24±0.00 | 78.46±1.46 | 2.05±0.41 | 1.769 |
| L29 | 0.584±0.040 | 3263.56±372.21 | 35.43±5.71 | 27.51±9.00 | 49.80±31.14 | 16.86±0.06 | 66.66±31.20 | 2.30±0.63 | 1.725 |
| L290 | 0.457±0.040 | 3444.34±448.28 | 36.97±7.09 | 24.12±0.74 | 51.42±5.74 | 19.64±3.49 | 71.06±7.16 | 1.88±0.72 | 1.753 |
| L291 | 0.555±0.009 | 3270.91±542.20 | 33.96±5.16 | 26.34±5.35 | 43.70±10.77 | 17.88±1.55 | 61.57±12.31 | 2.14±0.73 | 1.665 |
| L292 | 0.592±0.048 | 3202.81±491.46 | 31.54±5.87 | 23.06±2.39 | 49.95±24.93 | 25.96±16.95 | 75.91±7.99 | 1.85±0.88 | 1.808 |
| L293 | 0.612±0.053 | 3328.73±764.86 | 38.87±6.59 | 16.67±6.90 | 57.09±18.82 | 20.10±1.34 | 77.19±17.50 | 1.80±0.41 | 1.884 |
| L294 | 0.512±0.068 | 3466.65±434.77 | 38.35±7.44 | 33.68±2.94 | 33.22±8.83 | 24.92±0.15 | 58.14±8.68 | 1.75±0.55 | 1.714 |
| L295 | 0.470±0.033 | 3240.04±434.36 | 38.01±7.24 | 19.80±2.48 | 62.47±6.06 | 16.92±1.53 | 80.06±7.61 | 2.05±0.76 | 1.799 |
| L296 | 0.488±0.088 | 3219.14±251.46 | 36.75±8.00 | 19.38±10.65 | 53.27±26.05 | 21.53±0.19 | 74.80±26.24 | 1.75±0.92 | 1.809 |
| L297 | 0.490±0.054 | 3672.63±337.52 | 41.32±6.16 | 30.46±1.33 | 40.07±5.94 | 22.92±0.36 | 62.99±6.30 | 1.60±0.44 | 1.766 |

（续）

| 无性系 | 木材密度 | 纤维长 | 纤维宽 | 木质素 | 纤维素 | 半纤维素 | 综纤维素 | 灰分 | $Q_i$ |
|---|---|---|---|---|---|---|---|---|---|
| L298 | 0.576 ± 0.065 | 2810.00 ± 357.96 | 39.66 ± 8.48 | 10.40 ± 1.64 | 70.67 ± 4.68 | 15.71 ± 0.68 | 86.38 ± 5.36 | 0.30 ± 0.09 | 1.888 |
| L299 | 0.426 ± 0.003 | 3137.74 ± 376.78 | 34.01 ± 6.00 | 30.48 ± 13.19 | 42.94 ± 28.11 | 15.18 ± 0.88 | 58.12 ± 27.23 | 1.90 ± 0.36 | 1.585 |
| L3 | 0.575 ± 0.041 | 3500.81 ± 306.61 | 41.93 ± 8.88 | 26.01 ± 4.18 | 50.60 ± 0.00 | 22.25 ± 0.01 | 72.85 ± 0.01 | 0.85 ± 0.66 | 1.810 |
| L30 | 0.547 ± 0.094 | 2807.71 ± 271.40 | 30.15 ± 4.73 | 30.10 ± 5.26 | 30.62 ± 15.38 | 16.98 ± 1.95 | 47.60 ± 13.43 | 2.10 ± 0.66 | 1.546 |
| L300 | 0.466 ± 0.049 | 3120.23 ± 262.85 | 32.63 ± 5.16 | 29.62 ± 3.24 | 40.64 ± 12.26 | 15.68 ± 0.54 | 56.32 ± 12.80 | 2.05 ± 0.41 | 1.590 |
| L301 | 0.602 ± 0.054 | 3022.15 ± 356.15 | 29.37 ± 6.35 | 16.42 ± 0.29 | 62.14 ± 1.64 | 17.41 ± 0.00 | 79.55 ± 1.65 | 1.95 ± 0.45 | 1.763 |
| L302 | 0.523 ± 0.068 | 3034.79 ± 374.98 | 33.88 ± 7.39 | 18.14 ± 0.75 | 62.44 ± 0.54 | 16.54 ± 0.47 | 78.97 ± 1.00 | 1.45 ± 0.43 | 1.783 |
| L303 | 0.556 ± 0.062 | 3413.78 ± 370.36 | 30.47 ± 5.30 | 25.10 ± 7.66 | 63.22 ± 14.80 | 11.52 ± 1.16 | 74.74 ± 15.96 | 2.44 ± 0.58 | 1.706 |
| L304 | 0.560 ± 0.015 | 4028.01 ± 517.64 | 37.68 ± 7.89 | 19.42 ± 1.58 | 61.02 ± 4.80 | 19.22 ± 0.67 | 80.24 ± 4.13 | 2.10 ± 0.65 | 1.894 |
| L305 | 0.772 ± 0.066 | 3184.48 ± 262.06 | 28.72 ± 4.92 | 12.72 ± 0.53 | 64.84 ± 1.67 | 21.51 ± 0.96 | 86.35 ± 0.71 | 1.05 ± 0.54 | 1.927 |
| L306 | 0.533 ± 0.029 | 3202.39 ± 440.58 | 44.08 ± 10.81 | 22.06 ± 3.59 | 48.02 ± 7.51 | 11.42 ± 0.03 | 59.44 ± 7.54 | 1.00 ± 0.76 | 1.729 |
| L307 | 0.448 ± 0.058 | 3484.64 ± 434.03 | 37.72 ± 10.47 | 16.73 ± 9.79 | 49.45 ± 30.01 | 22.91 ± 7.43 | 72.35 ± 22.63 | 0.48 ± 0.18 | 1.833 |
| L308 | 0.397 ± 0.090 | 3259.09 ± 388.34 | 36.38 ± 6.60 | 26.75 ± 3.14 | 51.16 ± 12.94 | 18.55 ± 0.87 | 69.71 ± 13.81 | 1.45 ± 0.42 | 1.696 |
| L309 | 0.474 ± 0.017 | 3185.26 ± 368.97 | 33.19 ± 4.52 | 9.92 ± 0.04 | 62.24 ± 0.01 | 22.62 ± 2.06 | 84.86 ± 2.07 | 0.85 ± 0.38 | 1.879 |
| L31 | 0.575 ± 0.012 | 3001.45 ± 503.08 | 33.74 ± 5.37 | 17.03 ± 0.15 | 65.46 ± 0.10 | 17.29 ± 0.01 | 82.75 ± 0.11 | 1.90 ± 0.25 | 1.823 |
| L310 | 0.507 ± 0.077 | 3476.24 ± 383.88 | 38.62 ± 8.17 | 33.02 ± 4.38 | 37.80 ± 8.24 | 23.14 ± 0.64 | 60.94 ± 8.84 | 1.82 ± 0.41 | 1.719 |
| L311 | 0.602 ± 0.045 | 3134.84 ± 339.08 | 35.13 ± 5.47 | 25.90 ± 9.59 | 41.18 ± 29.43 | 20.82 ± 0.91 | 62.01 ± 30.34 | 1.67 ± 0.46 | 1.737 |
| L313 | 0.595 ± 0.036 | 3211.05 ± 365.50 | 32.15 ± 6.33 | 17.51 ± 0.49 | 61.73 ± 0.83 | 19.06 ± 0.21 | 80.79 ± 1.04 | 0.85 ± 0.23 | 1.822 |
| L314 | 0.555 ± 0.090 | 3461.57 ± 551.98 | 35.78 ± 5.08 | 23.63 ± 1.93 | 51.79 ± 9.46 | 22.00 ± 0.42 | 73.78 ± 9.87 | 0.75 ± 0.31 | 1.815 |

（续）

| 无性系 | 木材密度 | 纤维长 | 纤维宽 | 木质素 | 纤维素 | 半纤维素 | 综纤维素 | 灰分 | $Q_i$ |
|---|---|---|---|---|---|---|---|---|---|
| L315 | 0.533±0.046 | 3434.04±287.89 | 36.05±5.44 | 14.94±7.11 | 65.37±20.59 | 12.60±0.35 | 77.97±20.94 | 1.20±0.44 | 1.815 |
| L32 | 0.505±0.046 | 3037.02±371.99 | 34.11±7.35 | 17.56±1.29 | 61.12±0.02 | 15.30±1.47 | 76.42±1.49 | 2.30±0.51 | 1.764 |
| L33 | 0.496±0.043 | 3444.73±462.24 | 37.25±6.02 | 17.38±0.26 | 63.20±1.00 | 10.78±2.06 | 73.98±3.06 | 1.85±0.77 | 1.770 |
| L34 | 0.552±0.004 | 3038.33±350.52 | 32.47±5.39 | 20.74±0.60 | 53.44±1.13 | 24.13±3.54 | 77.57±4.66 | 0.90±0.73 | 1.811 |
| L35 | 0.527±0.033 | 3246.35±405.65 | 35.10±6.47 | 17.76±1.14 | 59.71±1.00 | 17.23±0.06 | 76.94±1.06 | 1.90±0.49 | 1.804 |
| L36 | 0.573±0.001 | 3370.21±457.28 | 35.25±5.79 | 20.42±11.67 | 52.28±5.00 | 24.56±0.79 | 76.84±5.79 | 1.00±0.45 | 1.857 |
| L37 | 0.617±0.050 | 3066.34±366.02 | 33.62±6.63 | 13.52±5.12 | 66.80±3.00 | 18.60±0.44 | 86.73±2.81 | 0.75±0.35 | 1.877 |
| L38 | 0.468±0.079 | 2934.92±464.85 | 29.93±5.97 | 29.98±4.96 | 38.91±4.00 | 22.06±0.85 | 60.97±3.16 | 1.10±0.63 | 1.621 |
| L39 | 0.549±0.058 | 3057.74±368.48 | 31.99±5.18 | 18.59±0.79 | 55.26±0.01 | 19.32±0.02 | 74.58±0.03 | 2.40±0.57 | 1.779 |
| L4 | 0.585±0.074 | 2838.58±271.56 | 31.42±5.29 | 25.39±5.56 | 57.68±6.65 | 17.09±0.77 | 74.78±6.78 | 2.41±0.34 | 1.719 |
| L40 | 0.546±0.040 | 3390.10±345.52 | 33.06±6.05 | 23.07±5.81 | 57.75±2.36 | 17.79±0.56 | 75.54±2.91 | 1.35±0.44 | 1.774 |
| L41 | 0.521±0.035 | 3765.77±444.82 | 38.27±4.21 | 16.55±0.15 | 50.37±4.37 | 16.10±1.05 | 66.48±5.41 | 1.80±0.92 | 1.814 |
| L42 | 0.612±0.044 | 3291.62±480.53 | 32.89±4.99 | 24.20±9.55 | 43.77±22.34 | 16.08±3.77 | 59.84±19.89 | 1.78±0.74 | 1.707 |
| L43 | 0.504±0.113 | 2999.57±402.74 | 30.73±5.22 | 39.48±9.60 | 38.16±32.77 | 16.74±0.55 | 54.91±33.31 | 0.60±0.22 | 1.517 |
| L44 | 0.548±0.033 | 3389.62±438.15 | 35.75±6.96 | 25.26±5.51 | 53.69±13.00 | 20.10±0.28 | 73.79±12.72 | 0.70±0.37 | 1.780 |
| L45 | 0.676±0.014 | 2934.14±492.15 | 33.12±5.62 | 18.90±2.74 | 63.96±3.60 | 14.85±0.04 | 78.81±3.64 | 1.10±0.42 | 1.806 |
| L46 | 0.574±0.014 | 3347.79±635.97 | 34.96±6.99 | 23.18±3.73 | 62.41±18.29 | 14.23±2.15 | 76.64±20.43 | 0.90±0.35 | 1.774 |
| L47 | 0.551±0.035 | 3433.20±451.58 | 37.19±5.01 | 22.09±7.93 | 54.60±26.41 | 18.24±3.71 | 72.85±25.18 | 1.65±0.81 | 1.802 |
| L48 | 0.473±0.114 | 3131.46±515.14 | 30.82±3.78 | 18.03±1.82 | 68.05±7.50 | 10.46±0.03 | 78.51±7.53 | 1.65±0.63 | 1.730 |

（续）

| 无性系 | 木材密度 | 纤维长 | 纤维宽 | 木质素 | 纤维素 | 半纤维素 | 综纤维素 | 灰分 | $Q_i$ |
|---|---|---|---|---|---|---|---|---|---|
| L49 | 0.526±0.016 | 3071.83±382.35 | 29.46±3.50 | 28.18±4.12 | 46.43±1.60 | 15.68±4.03 | 62.11±5.63 | 1.65±0.65 | 1.630 |
| L5 | 0.504±0.165 | 2602.72±230.56 | 34.34±5.90 | 27.66±10.48 | 37.60±4.52 | 16.31±3.10 | 53.91±7.62 | 1.55±0.91 | 1.550 |
| L50 | 0.511±0.064 | 3143.97±451.93 | 35.06±4.32 | 25.23±9.16 | 47.67±5.80 | 24.63±0.78 | 72.30±5.02 | 2.28±0.47 | 1.773 |
| L51 | 0.480±0.046 | 3617.67±485.69 | 33.10±5.36 | 14.83±1.00 | 62.31±3.20 | 14.24±0.06 | 76.55±3.14 | 0.55±0.28 | 1.809 |
| L52 | 0.502±0.023 | 3417.95±566.89 | 35.65±5.93 | 13.83±0.52 | 61.62±2.02 | 19.04±0.67 | 80.66±2.67 | 1.80±0.74 | 1.842 |
| L53 | 0.624±0.013 | 3437.44±576.55 | 34.91±5.47 | 26.59±6.15 | 37.05±18.22 | 22.31±0.58 | 59.35±18.80 | 1.70±0.73 | 1.762 |
| L54 | 0.442±0.120 | 3032.84±566.97 | 32.53±5.71 | 24.62±1.97 | 57.14±3.74 | 21.32±1.71 | 78.47±5.33 | 0.50±0.28 | 1.754 |
| L55 | 0.664±0.036 | 3272.77±450.14 | 31.41±4.09 | 21.73±9.21 | 52.63±3.25 | 17.30±0.68 | 69.93±2.57 | 1.54±0.75 | 1.784 |
| L56 | 0.506±0.080 | 3364.95±459.62 | 35.89±6.80 | 31.10±2.38 | 44.49±5.50 | 20.20±0.27 | 64.69±5.23 | 1.20±0.31 | 1.671 |
| L57 | 0.569±0.054 | 3529.70±542.74 | 33.92±5.55 | 7.44±0.24 | 64.25±2.10 | 12.13±0.35 | 76.38±2.45 | 1.80±0.36 | 1.864 |
| L58 | 0.549±0.007 | 3545.30±277.80 | 33.57±8.36 | 26.10±2.85 | 44.10±8.76 | 15.67±1.98 | 59.77±6.78 | 1.95±0.74 | 1.695 |
| L59 | 0.644±0.029 | 3118.67±524.90 | 29.35±4.87 | 11.62±3.08 | 65.33±2.36 | 19.70±0.54 | 85.03±1.84 | 0.55±0.45 | 1.904 |
| L6 | 0.516±0.040 | 3277.00±420.86 | 33.63±6.87 | 19.97±1.29 | 56.25±4.11 | 21.51±0.77 | 77.76±4.87 | 1.80±0.81 | 1.783 |
| L60 | 0.517±0.015 | 3408.65±598.95 | 34.37±6.48 | 26.88±3.26 | 50.42±10.35 | 8.91±0.11 | 59.33±10.24 | 1.75±0.75 | 1.619 |
| L61 | 0.632±0.147 | 3374.53±476.37 | 31.13±5.07 | 25.51±11.39 | 49.36±29.79 | 18.43±0.01 | 67.79±29.79 | 0.85±0.35 | 1.768 |
| L62 | 0.689±0.152 | 3486.91±625.06 | 33.86±6.04 | 21.46±1.34 | 67.42±4.20 | 10.61±0.44 | 78.03±3.77 | 1.30±0.61 | 1.788 |
| L63 | 0.468±0.015 | 3119.59±352.09 | 32.15±4.22 | 28.10±2.26 | 44.01±6.80 | 13.28±0.65 | 57.30±7.45 | 1.55±0.73 | 1.597 |
| L64 | 0.613±0.023 | 3402.20±612.07 | 32.25±5.74 | 22.80±0.87 | 57.61±7.31 | 18.71±3.59 | 76.32±3.72 | 1.00±0.52 | 1.801 |
| L65 | 0.559±0.099 | 3123.50±408.39 | 36.54±4.60 | 23.69±7.07 | 53.22±0.02 | 18.11±0.21 | 71.33±0.23 | 1.90±0.51 | 1.737 |

（续）

| 无性系 | 木材密度 | 纤维长 | 纤维宽 | 木质素 | 纤维素 | 半纤维素 | 综纤维素 | 灰分 | $Q_i$ |
|---|---|---|---|---|---|---|---|---|---|
| L66 | 0.860±0.221 | 3449.63±470.14 | 32.06±4.26 | 26.06±3.71 | 52.09±12.06 | 21.50±2.40 | 73.59±9.66 | 1.35±0.75 | 1.897 |
| L67 | 0.641±0.033 | 3414.04±483.06 | 31.52±5.06 | 41.19±9.18 | 32.48±11.69 | 20.28±2.22 | 52.76±12.24 | 1.40±0.66 | 1.612 |
| L68 | 0.447±0.042 | 3151.05±499.52 | 38.90±6.03 | 27.81±6.93 | 59.40±10.14 | 14.67±0.90 | 74.08±9.42 | 1.70±0.91 | 1.660 |
| L69 | 0.477±0.019 | 3290.57±185.18 | 33.35±5.74 | 43.35±11.10 | 36.22±21.53 | 14.13±1.63 | 50.34±22.06 | 1.10±0.25 | 1.523 |
| L7 | 0.427±0.018 | 3145.19±389.06 | 30.11±5.53 | 32.27±5.77 | 31.33±10.83 | 15.85±2.58 | 47.18±13.40 | 1.85±0.72 | 1.525 |
| L70 | 0.523±0.028 | 3239.56±340.48 | 31.13±5.77 | 17.70±1.16 | 57.63±3.10 | 16.01±0.71 | 73.64±3.81 | 1.10±0.43 | 1.750 |
| L71 | 0.486±0.006 | 3061.30±422.71 | 28.44±4.80 | 17.43±9.89 | 65.12±25.93 | 10.77±3.92 | 75.88±22.02 | 1.20±0.62 | 1.709 |
| L72 | 0.480±0.001 | 3120.48±452.50 | 32.84±5.37 | 30.47±3.66 | 41.78±0.02 | 16.56±0.28 | 58.34±0.26 | 1.05±0.71 | 1.575 |
| L73 | 0.571±0.040 | 2839.92±486.40 | 31.23±5.25 | 21.09±1.21 | 51.11±8.23 | 11.20±0.29 | 62.31±8.44 | 1.25±0.41 | 1.659 |
| L74 | 0.615±0.003 | 3153.49±467.68 | 38.03±5.91 | 36.33±0.17 | 45.84±0.04 | 15.84±0.48 | 61.68±0.44 | 0.85±0.26 | 1.618 |
| L75 | 0.552±0.047 | 3701.90±512.88 | 28.62±5.40 | 23.07±4.56 | 58.80±19.45 | 16.79±4.99 | 75.59±16.34 | 0.88±0.32 | 1.821 |
| L76 | 0.555±0.010 | 3024.21±397.52 | 33.73±6.60 | 23.95±1.61 | 61.72±7.72 | 13.83±0.06 | 75.55±7.78 | 0.55±0.33 | 1.693 |
| L77 | 0.515±0.001 | 3110.29±554.00 | 33.99±6.94 | 17.34±1.33 | 56.37±0.20 | 17.71±0.08 | 74.08±0.12 | 0.50±0.32 | 1.777 |
| L78 | 0.474±0.068 | 3000.86±512.51 | 36.64±5.48 | 25.29±6.67 | 51.17±20.45 | 13.65±1.02 | 64.82±21.47 | 2.50±0.34 | 1.645 |
| L79 | 0.629±0.024 | 3130.88±594.40 | 33.49±4.56 | 20.61±0.40 | 54.55±11.63 | 13.61±0.61 | 68.17±11.02 | 1.70±0.74 | 1.766 |
| L8 | 0.605±0.119 | 3317.71±368.14 | 32.31±5.27 | 22.88±4.22 | 42.14±3.48 | 16.11±0.39 | 58.26±3.50 | 1.95±0.44 | 1.704 |
| L80 | 0.548±0.045 | 3098.03±660.29 | 32.35±5.14 | 28.91±4.76 | 46.07±14.48 | 19.11±0.08 | 65.18±14.57 | 1.85±0.45 | 1.682 |
| L81 | 0.556±0.001 | 3357.75±658.66 | 35.20±5.45 | 22.10±0.10 | 64.97±0.10 | 11.10±1.44 | 76.07±1.34 | 1.80±0.46 | 1.754 |
| L82 | 0.577±0.070 | 3485.50±295.61 | 38.47±8.41 | 21.14±2.29 | 51.21±11.16 | 19.76±1.45 | 70.97±12.61 | 1.05±0.48 | 1.829 |

（续）

| 无性系 | 木材密度 | 纤维长 | 纤维宽 | 木质素 | 纤维素 | 半纤维素 | 综纤维素 | 灰分 | $Q_i$ |
|---|---|---|---|---|---|---|---|---|---|
| L83 | 0.610±0.070 | 3173.91±383.80 | 29.87±6.15 | 18.04±2.84 | 66.46±10.78 | 14.32±0.12 | 80.78±10.66 | 1.45±0.59 | 1.789 |
| L84 | 0.697±0.012 | 3278.13±352.81 | 30.57±5.66 | 16.44±1.82 | 61.98±0.01 | 13.09±2.35 | 75.07±2.35 | 1.40±0.57 | 1.807 |
| L85 | 0.520±0.176 | 3473.98±584.30 | 27.80±4.88 | 19.27±0.81 | 67.43±2.00 | 10.30±1.10 | 77.73±0.90 | 1.75±0.68 | 1.720 |
| L86 | 0.529±0.093 | 3201.88±362.12 | 29.60±5.11 | 26.27±5.01 | 46.67±20.77 | 22.14±3.13 | 68.81±17.64 | 1.00±0.38 | 1.715 |
| L87 | 0.537±0.090 | 3401.77±623.86 | 36.51±4.09 | 18.36±0.27 | 61.58±1.00 | 12.60±1.39 | 74.18±0.39 | 1.70±0.43 | 1.783 |
| L88 | 0.776±0.024 | 3699.91±449.51 | 43.19±8.71 | 20.32±2.27 | 57.11±2.50 | 16.53±0.41 | 73.64±2.91 | 1.70±0.46 | 1.927 |
| L89 | 0.499±0.010 | 3255.90±537.57 | 27.32±4.41 | 18.00±4.76 | 65.17±2.17 | 15.24±1.77 | 80.41±0.41 | 1.70±0.74 | 1.746 |
| L9 | 0.560±0.043 | 3050.41±431.14 | 36.37±5.48 | 22.55±3.30 | 53.93±9.15 | 14.25±0.26 | 68.18±8.88 | 1.90±0.71 | 1.728 |
| L90 | 0.569±0.052 | 2621.50±475.64 | 31.38±5.28 | 29.37±7.46 | 42.71±28.11 | 13.47±0.83 | 56.17±28.94 | 2.27±0.77 | 1.568 |
| L91 | 0.594±0.065 | 3047.42±429.57 | 32.85±4.52 | 15.37±1.74 | 61.31±5.34 | 11.62±0.17 | 72.93±5.17 | 1.10±0.68 | 1.762 |
| L92 | 0.524±0.058 | 3109.25±519.85 | 34.34±6.13 | 15.22±0.22 | 64.96±4.96 | 12.69±5.11 | 77.65±0.15 | 0.75±0.42 | 1.778 |
| L93 | 0.508±0.036 | 3269.83±411.66 | 28.16±4.44 | 12.22±5.13 | 68.14±3.00 | 18.09±0.35 | 86.23±3.35 | 1.95±0.25 | 1.829 |
| L94 | 0.520±0.017 | 2776.60±520.93 | 31.81±4.57 | 24.60±2.97 | 61.55±1.00 | 12.02±2.82 | 73.57±1.82 | 0.55±0.28 | 1.661 |
| L95 | 0.651±0.201 | 3758.25±223.26 | 35.56±4.65 | 38.46±3.43 | 43.08±0.93 | 13.13±0.58 | 56.20±0.35 | 1.55±0.45 | 1.647 |
| L96 | 0.677±0.207 | 3371.54±558.50 | 30.40±6.02 | 28.39±4.56 | 43.36±13.84 | 23.36±1.04 | 66.72±14.88 | 1.45±0.58 | 1.768 |
| L97 | 0.564±0.030 | 3493.14±661.63 | 34.95±7.00 | 19.25±0.94 | 63.37±3.10 | 16.61±0.16 | 79.98±2.95 | 1.25±0.53 | 1.830 |
| L98 | 0.450±0.034 | 3500.43±446.70 | 33.58±6.01 | 28.21±0.06 | 39.56±4.07 | 18.16±0.37 | 57.72±4.44 | 1.55±0.72 | 1.650 |
| L99 | 0.551±0.009 | 3313.53±445.29 | 32.94±5.41 | 33.10±1.51 | 39.07±0.04 | 23.35±0.22 | 62.42±0.19 | 1.40±0.41 | 1.693 |
| Total | 0.543±0.072 | 3205.58±858.74 | 33.54±6.95 | 22.88±7.92 | 53.07±15.25 | 17.48±4.47 | 70.61±14.47 | 1.52±0.53 | 1.740 |

注：木材密度、纤维长、纤维宽单位分别为 $g/cm^3$、um、um，其它性状单位均为%，后表同此。

### 3.2.4 生长性状及木材性状相关性分析

利用生长性状与木材性状进行相关分析，结果见表 3-4，从生长性状上看，树高与胸径之间存在着极显著的正相关关系（0.777），树高与通直度，胸径与通直度之间存在显著的正相关（0.175，0.159）；从木材性状上看，纤维长与纤维宽之间存在极显著的正相关关系（0.195），纤维长与除纤维宽之外的其他任何性状之间都不存在明显的相关性，而纤维宽与木材密度之间则存在显著的负相关（−1.720）；从木质素上看，其与纤维素与综纤维素之间存在极显著的负相关关系（−0.816，−0.810），但却与半纤维素之间存在极显著的正相关（0.214）。另外，纤维素与综纤维素之间的正相关系数高达 0.917；除了与半纤维素含量之间的负相关外（−0.148），灰分与其它任何性状相关均未达显著水平；从生长性状与木材性状相关性来看，除了树高与半纤维素之间存在的极显著负相关关系外（−0.200），其他生长性状与木材性状间相关均未达显著水平；生长性状与木材性状之间的弱相关，为下一步的综合评价，单独或者联合评价提供可能。

### 3.2.5 木材性状综合评价

由于木质素含量可以降低木材使用效率，因此在本研究综合评价过程中，木质素含量利用负值进行计算。208 个长白落叶松无性系木材性状综合评价结果见表 3-3，208 个的无性系平均 $Q_i$ 值为 1.740，其中，$Q_i$ 值最大的无性系是 L88 和 L305，为 1.927，其次是 L59 和 L66，$Q_i$ 值分别为 1.904 和 1.897；$Q_i$ 值最小的无性系为 L250，只有 1.409。以 $Q_i$ 值作为参考，利用 5% 的入选率对无性系进行评价选择，无性系 L88、L305、L59、L66、L253、L304、L277、L298、L248 和 L293 入选。入选无性系的平均木材密度、纤维长、纤维宽、纤维素含量、半纤维素含量以及木质素含量分别为 0.646g/cm³，3340.57μm，36.83μm，61.51%，19.37% 和 15.29%；与总体平均值相比，除木质素含量外分别提升了 18.97%，4.48%，9.97%，16.01% 和 10.69%，遗传增益分别为 4.14%，3.64%，9.28%，6.77% 和 9.61%；而木质素含量与总体平均值相比降低 7.59%。

**表 3-4　208 个无性系生长与木材性状相关性分析表**

| 性状 | 树高 | 胸径 | 通直度 | 木材密度 | 纤维长 | 纤维宽 | 木质素 | 纤维素 | 半纤维素 | 综纤维素 |
|---|---|---|---|---|---|---|---|---|---|---|
| 胸径 | 0.777** | | | | | | | | | |
| 通直度 | 0.175* | 0.159* | | | | | | | | |
| 木材密度 | 0.118 | 0.048 | -0.080 | | | | | | | |
| 纤维长 | 0.137 | 0.080 | 0.025 | 0.073 | | | | | | |
| 纤维宽 | -0.087 | -0.047 | -0.055 | -1.72* | 0.195** | | | | | |
| 木质素 | 0.054 | -0.020 | -0.002 | -0.082 | -0.045 | 0.047 | | | | |
| 纤维素 | 0.125 | 0.057 | 0.000 | 0.027 | 0.074 | -0.084 | -0.816** | | | |
| 半纤维素 | -0.200** | -0.135 | -0.086 | -0.027 | -0.017 | 0.064 | 0.214** | -0.434* | | |
| 综纤维素 | 0.048 | 0.002 | -0.037 | 0.020 | 0.077 | -0.067 | -0.810** | 0.917** | -0.041 | |
| 灰分 | -0.128 | -0.087 | -0.058 | 0.005 | -0.120 | 0.074 | -0.020 | -0.013 | -0.148* | -0.049 |

注：** 为 0.01 水平显著相关，* 为 0.05 水平显著相关。

## 3.3　讨论

除了用作生态林建设、建筑用材外，长白落叶松还是造纸的最佳原料，而木材性状是影响造纸工艺的重要指标，对于长白落叶松木材性状的变异分析及评价意义重大。除灰分外，本研究 208 个长白落叶松无性系各指标差异均达到显著水平，且从变异系数上看，所有木材性状的变化范围为 12.09% ~ 35.33%，这种较高的变异水平为优良木材性状的无性系筛选提供基础；各指标重复力的变化范围为 0.218 ~ 0.930，其中纤维长、宽的重复力分别为 0.811 和 0.931，比李巍巍（2009）的研究结果高，可能由于不同的环境条件以及不同的树龄所引起的差异；高变异系数与重复力有利于优良无性系的筛选（Zhao et al.，2015）。

本研究中 208 个长白落叶松无性系木材基本密度平均值达 0.543g/m$^3$，比朱湘渝（1993）、柳学军（2006）及姜静（2011）对杨树、落羽杉和白桦的研究高，208 个长白落叶松总体纤维长、纤维宽的平均值分别为 3205.58μm 和 33.56μm，比方宇（2005）和 Wu（2011）对白杨和桉树测定结果高，表明相比阔叶树而言，长白落叶松木材质量更佳；208 个长白落叶松木质素与纤维素含量分别为 53.07% 和 22.88%，与徐有明（1997）对火炬松的研究相比，长白落叶松具有更高的纤维素含量以及更低的木质素含量，表明长白落叶松比火炬松更有利于加工和利用。

表型性状的相关性是十分复杂的，但对于这种相关性的分析有助于理解性状间存在的关系（Sumida et al.，2013；Fukatsu et al.，2015）。本相关性分析结果表明生长性状与木材性状之间存在一定的弱相关性，表明对生长与木材性状单独或联合评价均可行。利用 5% 的入选率对无性系进行评价选择，初选 10 个木材性状优良的无性系，入选无性系与总体平均值相比，除木质素含量外分别提升了 18.97%，4.48%，9.97%，16.01% 和 10.69%，遗传增益分别为 4.14%，3.64%，9.28%，6.77% 和 9.61%；而木质素含量与总体平均值相比降低 7.59%。

对比生长性状和木材性状的综合评价筛选结果，发现只有 L59 属生长性状和木材性状兼优无性系，表明这个无性系可以作为优良无性系重点考察；本研究中初选的 10 个无性系在木材性状方面表现了较强的优势，这些材料可以在不同方面被应用，该研究方法也可以为下一步长白落叶松遗传改良提供基础和参考。

# 第4章

# 长白落叶松 *PAL* 基因 SNPs 筛选及木质素含量关联分析

在造纸过程中，材性的优劣直接影响纸张的质量及造纸成本，在多个木材性状中，木质素含量对造纸工艺的影响极大，木质素含量及构型对制浆过程中的乙醇转化率及制浆产率有着显著影响（Sassner et al.,2005）。高木质素含量会增加制浆过程中的成本消耗，更对环境造成严重的污染（Xu et al.,2013）。由于木质素合成途径较为复杂，不同植物木质素合成过程略有差异，进而生成的木质素组成也存在一定差异，最终导致木质素含量各不相同（薛永常等，2004）。木质素的合成过程涉及甲基化、氧化还原及脱氨基等步骤，多种酶在合成过程中起着至关重要的作用（Baucher et al.,2003）。苯丙氨酸氨基裂解酶（*PAL*）为木质素合成过程中苯丙烷类代谢途径最重要的酶之一，其直接影响木质素合成整个过程。国内外有关林木 *PAL* 基因的研究有很多，但主要集中在作物上（宋修鹏等，2013；刘佳等，2014；周生茂等，2008；虞光辉等 2015），在林木中只有少数树种见报道，而且大部分关于基因克隆及序列分析（王猛等，2010；许峰等，2008），利用 *PAL* 基因对群体遗传变异分析研究则未见报道。本研究以吉林省四平市林木种子园的120 个长白落叶松无性系为研究对象，对其木材性状进行测定，并对不同无性系的 *PAL* 基因进行克隆及测序分析，在探讨不同无性系之间亲缘关系的同时探讨与木材相关的 SNP 位点，为落叶松分子遗传改良提供依据。

## 4.1　材料与方法

### 4.1.1　试验林与试验材料

试验林具体情况见第 2 章 2.1 节，试验材料包括 120 个落叶松无性系，具体见表 4-1。

表 4-1  120 个长白落叶松无性系名称

| 编号 | 无性系 | 编号 | 无性系 | 编号 | 无性系 | 编号 | 无性系 | 编号 | 无性系 | 编号 | 无性系 |
|---|---|---|---|---|---|---|---|---|---|---|---|
| 1 | L 1 | 21 | L 37 | 41 | L 82 | 61 | L 226 | 81 | L 250 | 101 | L 283 |
| 2 | L 2 | 22 | L 39 | 42 | L 83 | 62 | L 227 | 82 | L 251 | 102 | L 284 |
| 3 | L 5 | 23 | L 40 | 43 | L 86 | 63 | L 228 | 83 | L 252 | 103 | L 285 |
| 4 | L 9 | 24 | L 47 | 44 | L 87 | 64 | L 229 | 84 | L 253 | 104 | L 286 |
| 5 | L 14 | 25 | L 48 | 45 | L 92 | 65 | L 230 | 85 | L 255 | 105 | L 287 |
| 6 | L 15 | 26 | L 51 | 46 | L 94 | 66 | L 232 | 86 | L 256 | 106 | L 290 |
| 7 | L 16 | 27 | L 53 | 47 | L 95 | 67 | L 233 | 87 | L 257 | 107 | L 291 |
| 8 | L 17 | 28 | L 54 | 48 | L 98 | 68 | L 234 | 88 | L 259 | 108 | L 292 |
| 9 | L 18 | 29 | L 56 | 49 | L 102 | 69 | L 235 | 89 | L 260 | 109 | L 294 |
| 10 | L 22 | 30 | L 61 | 50 | L 209 | 70 | L 236 | 90 | L 261 | 110 | L 296 |
| 11 | L 23 | 31 | L 63 | 51 | L 210 | 71 | L 238 | 91 | L 262 | 111 | L 297 |
| 12 | L 24 | 32 | L 64 | 52 | L 212 | 72 | L 239 | 92 | L 265 | 112 | L 301 |
| 13 | L 25 | 33 | L 65 | 53 | L 213 | 73 | L 240 | 93 | L 266 | 113 | L 302 |
| 14 | L 26 | 34 | L 67 | 54 | L 215 | 74 | L 242 | 94 | L 268 | 114 | L 304 |
| 15 | L 27 | 35 | L 68 | 55 | L 217 | 75 | L 243 | 95 | L 270 | 115 | L 305 |
| 16 | L 29 | 36 | L 69 | 56 | L 218 | 76 | L 244 | 96 | L 271 | 116 | L 306 |
| 17 | L 31 | 37 | L 70 | 57 | L 219 | 77 | L 246 | 97 | L 272 | 117 | L 309 |
| 18 | L 33 | 38 | L 71 | 58 | L 221 | 78 | L 247 | 98 | L 273 | 118 | L 310 |
| 19 | L 35 | 39 | L 72 | 59 | L 223 | 79 | L 248 | 99 | L 276 | 119 | L 313 |
| 20 | L 36 | 40 | L 78 | 60 | L 225 | 80 | L 249 | 100 | L 278 | 120 | L 315 |

## 4.1.2  试验方法

（1）木心采集及木质素含量测定

2014 年 10 月，在第 1 和 2 大区内，每个无性系标记生长正常（无病虫害、无风折）的 10 株，在胸径处自南向北钻取木心，利用全自动纤维分析仪测定各样本木质素含量（宁坤等，2015）。

（2）DNA 的提取

2015 年 7 月，对各无性系进行新鲜叶片采集后带回实验室，参考姚宇（2013）的方法提取 120 个无性系 DNA。

（3）引物设计与 PAL 基因特异性表达检测

参考 NCBI 数据库中同属日本落叶松的 PAL 基因序列，利用 Bioedit 软件对合成引物进行设计，先在 1～100 bp 范围内，根据各种可能的正向引物和反向引物的内部配对及相互配对情况，参考引物退火温度，选择出第 1 个碱基区域及其最佳引物，以此为基础进行第 2 个碱基区域及其最佳引物设计，直到覆盖该基因全序列为止。以 *PAL* 基因的 2160 个碱基全序列作为基础，设定扩增片段长度为 1200 ~ 1300 个碱基，*PAL* 基因被分成了两个扩增区域，利用软件进行扩增区域的引物设计，对每一个碱基区域分别选择出较合适的 2 个正向和 2 个反向引物，其碱基序列范围分别为 55 ~ 1362，929 ~ 2140（表 4-2）。为了验证 *PAL* 基因是否在长白落叶松中表达，以 L1、L2 及 L5 等三个无性系的根、茎、叶的 RNA 进行反转录，利用 cDNA 验证此基因是否在落叶松中表达。

**表 4-2　落叶松 *PAL* 基因各碱基区域 PCR 扩增的引物**

| 碱基区域 | 区域大小 | 编号 | 引物（5′ - 3′） | 引物长度 |
|---|---|---|---|---|
| 55 ~ 1362 | 1307 | S1 | 正向 1：CTGGGCTTTGCACGAGTTTC | 20 |
| | | | 反向 1：GCTAGGATTAGGTCCACCGC | 20 |
| 929 ~ 2140 | 1211 | S2 | 正向 1：CAAGCTCAAGCACCATCCAG | 20 |
| | | | 反向 1：CCTTCCACCCATCCAAGCATT | 20 |

（4）基因扩增、测序与分析

以 120 个长白落叶松的基因组 DNA 为模板，扩增 *PAL* 基因，用 0.1% 的琼脂糖凝胶检测扩增产物，选择特异性条带且大小分别在 1200bp 左右的扩增产物委托北京华大基因公司进行测序并利用 Bioedit 软件进行分析，标记 SNPs 突变位点；利用 DnaSP5.0 软件分析 *PAL* 基因核苷酸多样性；利用 MEGA 软件对不同无性系间遗传距离进行分析；采用分析软件 TESSAL5.0 和 JMP5.0 软件进行 SNP 位点与木质素含量的关联分析。

## 4.2　结果与分析

### 4.2.1　木质素含量方差及均值分析

方差分析显示，120 个无性系的木质素含量达极显著差异水平（$P < 0.01$）。各无性系木质素含量平均值见表 4-3，120 个长白落叶松无性系木质素含量平均值为 25.11%，其中无性系 L250 木质素含量最高，达到 48.53%，其次为无性系 L69 和 L67，分别为 43.35% 和 41.19%，无性系 L253 木质素含量最低，只有 8.87%。不同无性系之间木质素含量变化较大，最大值为最小值的 5.47 倍，因此对无性系木质素含量遗传改良意义重大。

表 4-3　木质素含量均值及标准差

| 无性系 | 木质素含量 | 无性系 | 木质素含量 | 无性系 | 木质素含量 | 无性系 | 木质素含量 | 无性系 | 木质素含量 | 无性系 | 木质素含量 |
|---|---|---|---|---|---|---|---|---|---|---|---|
| L1 | 29.92±10.57 | L37 | 13.52±5.12 | L82 | 21.14±2.29 | L226 | 28.10±7.96 | L250 | 48.53±11.85 | L283 | 19.31±0.36 |
| L2 | 26.61±7.59 | L39 | 18.59±0.79 | L83 | 18.04±2.84 | L227 | 13.95±5.41 | L251 | 19.62±1.87 | L284 | 23.31±0.41 |
| L5 | 27.66±10.48 | L40 | 23.07±5.81 | L86 | 26.27±5.01 | L228 | 19.23±3.01 | L252 | 28.86±4.77 | L285 | 19.23±0.12 |
| L9 | 22.55±3.30 | L47 | 22.09±7.93 | L87 | 18.36±0.27 | L229 | 28.98±4.24 | L253 | 8.87±1.27 | L286 | 19.69±10.50 |
| L14 | 19.86±0.18 | L48 | 18.03±1.82 | L92 | 15.22±0.22 | L230 | 17.51±2.04 | L255 | 32.21±2.51 | L287 | 22.29±0.89 |
| L15 | 16.36±0.19 | L51 | 14.83±1.00 | L94 | 24.60±2.97 | L232 | 22.21±2.19 | L256 | 19.33±5.16 | L290 | 24.12±0.74 |
| L16 | 22.93±12.34 | L53 | 26.59±6.15 | L95 | 38.46±3.43 | L233 | 17.20±8.91 | L257 | 24.36±2.29 | L291 | 26.34±5.35 |
| L17 | 36.89±1.37 | L54 | 24.62±1.97 | L98 | 28.21±0.06 | L234 | 20.99±2.16 | L259 | 24.35±0.16 | L292 | 23.06±2.39 |
| L18 | 19.45±3.04 | L56 | 31.10±2.38 | L102 | 12.12±0.10 | L235 | 24.18±7.13 | L260 | 21.86±0.62 | L294 | 33.68±2.94 |
| L22 | 26.05±4.86 | L61 | 25.51±11.39 | L209 | 28.32±0.00 | L236 | 16.52±0.30 | L261 | 20.85±13.94 | L296 | 19.38±10.65 |
| L23 | 23.15±0.64 | L63 | 28.10±2.26 | L210 | 13.53±4.12 | L238 | 18.34±0.46 | L262 | 34.69±0.45 | L297 | 30.46±1.33 |
| L24 | 17.15±1.24 | L64 | 22.80±0.87 | L212 | 22.79±1.63 | L239 | 16.69±0.60 | L265 | 19.97±1.76 | L301 | 16.42±0.29 |
| L25 | 20.56±13.44 | L65 | 23.69±7.07 | L213 | 25.64±6.90 | L240 | 14.03±2.97 | L266 | 17.37±1.25 | L302 | 18.14±0.75 |
| L26 | 17.97±1.04 | L67 | 41.19±9.18 | L215 | 14.14±0.42 | L242 | 15.09±8.50 | L268 | 21.99±0.03 | L304 | 19.42±1.58 |
| L27 | 17.51±2.94 | L68 | 27.81±6.93 | L217 | 16.35±0.56 | L243 | 19.30±2.95 | L270 | 26.68±4.25 | L305 | 12.72±0.53 |
| L29 | 27.51±9.00 | L69 | 43.35±11.10 | L218 | 22.35±13.11 | L244 | 29.39±5.69 | L271 | 20.78±1.01 | L306 | 22.06±3.59 |
| L31 | 17.03±0.15 | L70 | 17.70±1.16 | L219 | 20.49±9.30 | L246 | 24.66±3.85 | L272 | 21.07±0.21 | L309 | 9.92±0.04 |
| L33 | 17.38±0.26 | L71 | 17.43±9.89 | L221 | 28.92±7.70 | L247 | 25.95±1.33 | L273 | 34.12±2.56 | L310 | 33.02±4.38 |
| L35 | 17.76±1.14 | L72 | 30.47±3.66 | L223 | 31.40±1.04 | L248 | 13.91±1.21 | L276 | 20.89±2.51 | L313 | 17.51±0.49 |
| L36 | 20.42±11.67 | L78 | 25.29±6.67 | L225 | 23.18±12.42 | L249 | 28.69±10.39 | L278 | 23.93±3.31 | L315 | 14.94±7.11 |

注：木质素单位为%。

### 4.2.2　长白落叶松无性系 DNA 的提取及 *PAL* 基因的表达验证

提取 120 个无性系的基因组 DNA，无性系 L1、L2、L5、L9 和 L14 的 DNA 提取结果如图 4 - 1 所示，各无性系 DNA 提取条带清晰整齐。*PAL* 基因表达在 L1、L2 及 L5 根、茎、叶中均有表达，其中 L1 验证结果如图 4 - 2 所示。

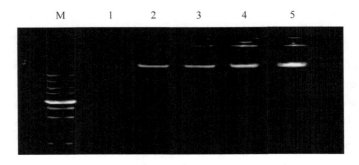

图 4 - 1　除杂后 DNA 凝胶电泳结果（M、1 ~ 5 分别代表 DL5000 DNA maker、无性系 L1、L2、L5、L9 和 L14）

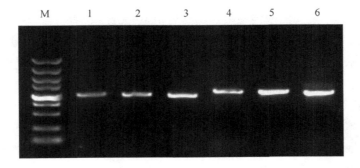

图 4 - 2　*PAL* 基因在根、茎、叶上的验证（M：DL5000 DNA marker；1 ~ 3，4 ~ 6：分别为落叶松根、茎、叶中 S1 和 S2 段的 PCR 结果）

### 4.2.3　SNP 位点筛选及核苷酸多样性分析结果

利用 Bioedit 软件将 *PAL* 基因测序结果进行拼接整理，剔除低突变频率（<3%）位点后，共筛选出 11 个 SNP 位点（表4-4），其中，C ~ T 突变的位点有 5 个（116 位，503 位，963 位，1062 位，1186 位），A ~ C 突变位点 3 个（639 位，922 位，1150 位），G ~ A 突变位点 2 个（960 位，1056 位），T ~ G 突变位点 1 个（1186 位），均出现在编码区。

表 4-4 *PAL* 基因各 SNP 位点基因型与等位基因频率

| 序号 | 位点 | 突变 | 基因型频率 | | | 等位基因频率 | |
|---|---|---|---|---|---|---|---|
| 1 | SNP116 | T-C | TT：0.61 | TC：0.32 | CC：0.07 | T：0.64 | C：0.36 |
| 2 | SNP503 | C-T | CC：0.83 | CT：0.15 | TT：0.02 | C：0.92 | T：0.08 |
| 3 | SNP639 | C-A | CC：0.50 | CA：0.37 | AA：0.13 | C：0.57 | A：0.43 |
| 4 | SNP922 | C-A | CC：0.71 | CA：0.23 | AA：0.06 | C：0.85 | A：0.15 |
| 5 | SNP960 | G-A | GG：0.81 | GA：0.13 | AA：0.06 | G：0.73 | A：0.27 |
| 6 | SNP963 | T-C | TT：0.81 | TC：0.08 | CC：0.11 | T：0.85 | C：0.15 |
| 7 | SNP993 | G-C | GG：0.88 | CC：0.12 | | G：0.88 | C：0.12 |
| 8 | SNP1056 | G-A | GG：0.33 | GA：0.53 | AA：0.14 | G：0.59 | A：0.41 |
| 9 | SNP1162 | T-C | TT：0.83 | TC：0.12 | CC：0.05 | T：0.74 | C：0.26 |
| 10 | SNP1150 | A-C | AA：0.68 | AC：0.25 | CC：0.07 | A：0.67 | C：0.33 |
| 11 | SNP1186 | T-G | TT：0.74 | TG：0.13 | GG：0.13 | T：0.67 | G：0.33 |

### 4.2.4　120 个无性系之间的遗传距离

利用 SNPs 位点计算各无性系之间的遗传距离结果见表4-5，*PAL* 基因总体平均遗传距离为 0.010，各无性系间遗传距离的分布范围在 0.000 ~ 0.035cM 之间，其中无性系 L287 和 L102 与其它无性系的遗传距离超过 0.020cM，其中最大的遗传距离达到 0.035cM（无性系 L287 与 L94），其次为 0.032cM（L102 与 L287，L102 与 L240），这表明 L287 号与 L102 号无性系与其它无性系之间亲缘关系较远。而遗传距离最小的为 0.000cM，包括无性系 L5 和 L67，L23 和 L226，L262 和 L63。

### 4.2.5　单个 SNP 关联分析

将各 SNP 位点的基因型频率和等位基因的频率进行计算，通过比对结果结合表型性状关联分析，长白落叶松 *PAL* 基因中找到与木质素含量显著相关的 SNPs 共 3 个 SNP922（C-A）、SNP1150（A-C）和 SNP 1186（T-G）。其中 SNP922（C-A）显示基因型为 CC，CA 和 AA 三种，频率分别为 0.71、0.23 和 0.06，其中 CC 型木质素含量均值为 $0.2287 \pm 0.0667$，AA 型木质素含量均值为 $0.2418 \pm 0.0320$，两种基因之间存在显著差异（$P = 0.048$）；SNP1150（A-C）位点包含 AA、AC 和 CC 三种基因型，各基因型频率分别为 0.68、0.25 和 0.07。基因型 AA 的无性系均值为 $0.2220 \pm 0.0666$，CC 的无性系均值为 $0.2551 \pm 0.0944$，两种基因型之间差异达显著水平（$P| = 0.037$）；SNP 1186（T-G）位点包含 TT、TG 和 GG 三种基因型，各基因型频率分别为 0.74、0.13 和 0.13，TT 型无性系木质素含量均值为 $0.2187 \pm 0.0639$，GG 型无性系木质素含量均值是 $0.2634 \pm 0.0805$，两者间差异显著（$P = 0.047$）。

表 4-5　不同无性系 *PAL* 基因序列间的遗传距离

| 无性系 | L1 | L5 | L15 | L16 | L18 | L22 | L24 | L26 | L27 | L33 | L37 | L61 | L65 | L2 | L9 | L14 | L23 | L29 | L36 | L39 | L47 | ... | L51 | L53 | L63 |
|---|---|---|---|---|---|---|---|---|---|---|---|---|---|---|---|---|---|---|---|---|---|---|---|---|---|
| L5 | 0.008 | | | | | | | | | | | | | | | | | | | | | | | | |
| L15 | 0.009 | 0.008 | | | | | | | | | | | | | | | | | | | | | | | |
| L16 | 0.008 | 0.013 | 0.010 | | | | | | | | | | | | | | | | | | | | | | |
| L18 | 0.012 | 0.003 | 0.009 | | | | | | | | | | | | | | | | | | | | | | |
| L22 | 0.013 | 0.009 | 0.011 | 0.011 | | | | | | | | | | | | | | | | | | | | | |
| L24 | 0.008 | 0.006 | 0.007 | 0.007 | 0.007 | | | | | | | | | | | | | | | | | | | | |
| L26 | 0.006 | 0.006 | 0.007 | 0.007 | 0.009 | 0.004 | | | | | | | | | | | | | | | | | | | |
| L27 | 0.009 | 0.008 | 0.008 | 0.009 | 0.009 | 0.006 | 0.005 | | | | | | | | | | | | | | | | | | |
| L33 | 0.006 | 0.012 | 0.010 | 0.013 | 0.015 | 0.012 | 0.008 | 0.013 | | | | | | | | | | | | | | | | | |
| L37 | 0.008 | 0.005 | 0.007 | 0.007 | 0.008 | 0.003 | 0.003 | 0.007 | 0.009 | | | | | | | | | | | | | | | | |
| L61 | 0.011 | 0.011 | 0.011 | 0.012 | 0.008 | 0.007 | 0.008 | 0.008 | 0.014 | 0.008 | | | | | | | | | | | | | | | |
| L65 | 0.005 | 0.011 | 0.011 | 0.014 | 0.017 | 0.011 | 0.011 | 0.013 | 0.006 | 0.010 | 0.015 | | | | | | | | | | | | | | |
| L2 | 0.006 | 0.005 | 0.006 | 0.008 | 0.007 | 0.004 | 0.003 | 0.005 | 0.010 | 0.003 | 0.007 | 0.010 | | | | | | | | | | | | | |
| L9 | 0.008 | 0.012 | 0.012 | 0.013 | 0.015 | 0.013 | 0.010 | 0.009 | 0.012 | 0.015 | 0.008 | 0.011 | | | | | | | | | | | | | |
| L14 | 0.012 | 0.010 | 0.010 | 0.012 | 0.009 | 0.008 | 0.010 | 0.010 | 0.016 | 0.008 | 0.008 | 0.016 | 0.008 | 0.011 | 0.015 | | | | | | | | | | |

（续）

| 无性系 | L1 | L5 | L15 | L18 | L22 | L24 | L26 | L27 | L33 | L37 | L61 | L65 | L2 | L9 | L14 | L23 | L29 | L36 | L39 | L47 | … | L51 | L53 | L63 |
|---|---|---|---|---|---|---|---|---|---|---|---|---|---|---|---|---|---|---|---|---|---|---|---|---|
| L23 | 0.008 | 0.005 | 0.007 | 0.006 | 0.008 | 0.003 | 0.003 | 0.006 | 0.008 | 0.002 | 0.008 | 0.011 | 0.004 | 0.011 | 0.009 | | | | | | | | | |
| L29 | 0.011 | 0.009 | 0.007 | 0.010 | 0.007 | 0.007 | 0.008 | 0.009 | 0.013 | 0.006 | 0.010 | 0.013 | 0.008 | 0.013 | 0.008 | 0.004 | | | | | | | | |
| L36 | 0.009 | 0.007 | 0.008 | 0.005 | 0.006 | 0.007 | 0.008 | 0.006 | 0.013 | 0.007 | 0.007 | 0.014 | 0.005 | 0.013 | 0.005 | 0.008 | 0.008 | | | | | | | |
| L39 | 0.013 | 0.005 | 0.009 | 0.007 | 0.007 | 0.007 | 0.008 | 0.010 | 0.013 | 0.008 | 0.009 | 0.015 | 0.006 | 0.014 | 0.009 | 0.008 | 0.008 | 0.007 | | | | | | |
| L47 | 0.012 | 0.006 | 0.010 | 0.007 | 0.008 | 0.006 | 0.007 | 0.007 | 0.011 | 0.003 | 0.011 | 0.014 | 0.007 | 0.013 | 0.008 | 0.008 | 0.008 | 0.007 | 0.007 | | | | | |
| ⋮ | ⋮ | ⋮ | ⋮ | ⋮ | ⋮ | ⋮ | ⋮ | ⋮ | ⋮ | ⋮ | ⋮ | ⋮ | ⋮ | ⋮ | ⋮ | ⋮ | ⋮ | ⋮ | ⋮ | ⋮ | ⋮ | | | |
| L51 | 0.012 | 0.003 | 0.009 | 0.002 | 0.010 | 0.008 | 0.008 | 0.009 | 0.013 | 0.006 | 0.012 | 0.013 | 0.006 | 0.013 | 0.011 | 0.006 | 0.009 | 0.007 | 0.005 | 0.006 | ⋮ | | | |
| L53 | 0.014 | 0.010 | 0.015 | 0.013 | 0.012 | 0.010 | 0.010 | 0.011 | 0.018 | 0.010 | 0.009 | 0.018 | 0.008 | 0.018 | 0.008 | 0.010 | 0.014 | 0.007 | 0.010 | 0.008 | ⋮ | 0.012 | | |
| L63 | 0.013 | 0.007 | 0.012 | 0.009 | 0.010 | 0.008 | 0.008 | 0.009 | 0.016 | 0.008 | 0.008 | 0.015 | 0.008 | 0.015 | 0.007 | 0.008 | 0.011 | 0.005 | 0.007 | 0.007 | ⋮ | 0.008 | 0.002 | |
| L86 | 0.006 | 0.004 | 0.006 | 0.006 | 0.010 | 0.003 | 0.003 | 0.007 | 0.009 | 0.004 | 0.008 | 0.009 | 0.002 | 0.011 | 0.010 | 0.003 | 0.007 | 0.007 | 0.008 | 0.005 | ⋮ | 0.006 | 0.012 | 0.010 |

注：遗传距离单位为厘摩尔，即 cM。

## 4.3　讨论

　　木质素是植物体内具有重要的生物功能的一种重要大分子有机物质，其可以增强植物机械强度，利于植株抵抗外界环境的干扰（Lewis and Yamamoto，1990）。但是木质素的含量在林木资源利用方面具有一定的弊端，尤其在纸浆造纸方面，木质素的分离大大提高造纸成本及产生工业污染（耿飒等，2003）。在东北地区，纸浆材主要由杨树与落叶松提供，因此低木质素含量良种的选育及降低木质素含量的方法显得尤为重要。本研究中 208 个无性系木材的木质素含量分布范围为 7.44% ~ 48.53%，均值是 22.88%。此结果与于宏影（2015b）、李艳霞（2012a）关于长白落叶松的研究结论相似，与李民栋（1994）关于兴安落叶松的研究比较，木质素含量较低，这更表明降低长白落叶松木质素含量的重要性。

　　随着生物技术水平的提高，分子生物学成为林木遗传改良的重要手段和方法。据研究，苯丙氨酸氨基裂解酶（phenylalanine ammonia lyase，*PAL*）为木质素苯丙烷类代谢途径过程中限速酶，其可以催化苯丙氨酸转化为肉桂酸及辅酶脂类，是木质素合成过程中最重要的酶之一（张大勇等，2009）。本研究中验证了 *PAL* 基因在长白落叶松的根、茎、叶中均有表达，这与他人直接利用基因组 DNA 进行 SNP 位点的开发不同（Krutovsky and Neale，2005），再一次证明本研究中 SNP 的测定具有生物学意义。遗传距离是用于衡量不同基因序列的综合遗传差异大小的指标。本研究中 L287、L102 与其他大部分无性系间的遗传距离均较大，说明二者与大部分无性系的亲缘关系较远。此外，多对无性系序列间遗传距离为 0.0000cM，说明这些无性系的亲缘关系很近且很可能来源于相同种源和家系，也可能是由于引物数量较少，或者同源性较高，使序列表达差异不显著。

　　目前关于林木材质关联基因研究较多，Thumma（2009）等对桉树（*Eucalyptus nitens*）研究发现，在 EniCOBL4A 基因外显子上的同义突变 SNP 与纤维素含量显著相关；Dillon（2010）等在辐射松 *PAL1* 基因上发现同义突变 SNP（SNP60）与木材密度性状显著关联。本研究针对突变频率大于 10% 的位点进行分析，结果显示 *PAL* 基因序列中共存在 11 个 SNP 位点，其中 4 个与木质素含量显著相关，且位点均为非同义突变位点。7 个不显著位点中有 5 个属于同义突变，即虽然碱基序列发生变化，但翻译成氨基酸的种类并未发生改变；另外两个位点虽属非同义突变，但突变个体木质素含量变化并不明显，具体的作用机制还有待深入研究。4 个含有与木质素含量显著相关的

SNP 位点单株在木质素含量表现差异较明显，表明 SNP 位点的同义突变在与表型性状的关联分析中意义重大，其原因很可能是由于同义突变虽然不会导致氨基酸的改变，但能通过其单核苷酸多态性的变化导致翻译提前终止从而引起一系列的生物学效应，从而改变基因的表达力间接影响蛋白表达，最终对表型性状产生显著影响(Tian et al.,2014；Xu et al.,1998)。

随着科学技术的发展，林木遗传改良已经步入后基因组时代，分子育种与常规育种有效结合是这个时代最关键的育种手段之一(王艳红等，2016)。长白落叶松是重要的用材树种，对其木质素含量相关候选基因选择及 SNP 位点筛选对落叶松分子遗传改良具有重要的意义。本研究对于木质素含量相关的 *PAL* 基因的核苷酸多态性、基因不同无性系序列间该基因的序列及不同无性系间的遗传距离、与木质素含量的关联分析进行探究，初步筛选 4 个与长白落叶松木质素含量显著相关的 SNP 位点(SNP116、SNP922、SNP1150和 SNP1186)，4 个位点均是非同义突变位点，且除 SNP116 外，纯合突变型无性系木质素含量更高，该研究为长白落叶松优良木材品质定向培育提供实际参考和理论依据。

# 第5章

# 长白落叶松种子园亲本生长与结实性状综合评价

　　种子园是以生产优良遗传播种品质的种子而建立的特种人工林，对于林木良种化进程具有重要作用（夏辉等，2016）。我国长白落叶松种子园始建于 20 世纪 70 年代，虽然取得了一定的成效，但大多数种子园仍处于初级阶段，普遍存在生产量低下，遗传增益不稳定等问题（王昊，2013），急需制定育种方针，进行疏伐和改良，选择出优的无性系或家系，建立 1.5 或 2 代种子园，获得更高的遗传增益。因此，进行种子园优良家系或无性系的评价选择尤为重要。目前虽然已有许多关于优良无性系或家系选择的研究，但大多数在进行综合评价选择时，往往只简单注重少数几个生长因子的选择（蒙宽宏和张文达，2014；吴子欢和邓桂香，2010），而林木的生长是由众多表型性状共同作用的结果，且这些性状多数为数量性状，受微效多基因的控制，由于基因间的连锁、互换等多种效应，使得各性状间多少存在着某种程度的相关性（周长富等，2008）。因此，综合各种生长表型性状进行综合评价选择，分析各性状间的相互关系，对于提高育种选择效率和优良家系或无性系的选择更有意义（王继志等，1990）。

　　本研究以长白落叶松种子园亲本无性系为研究对象，分析其生长性状及结实性状的遗传变异参数，并对各性状间的相互关系进行探讨，对无性系进行综合评价，研究结果可以为长白落叶松优良家系或无性系的选择提供理论基础，也可以为种子园亲本材料的选择提供依据。

## 5.1　材料与方法

### 5.1.1　试验林与实验材料

　　具体实验地点与实验林状况见第 2 章 2.1，实验材料包括 58 个长白落叶松无性系（选择这 58 个无性系的原因是这些无性系具有子代林，具体见

第 8 章)。

## 5.1.2  试验方法

### (1)数据调查

于 2016 年 8 月对 58 个长白落叶松无性系亲本进行树高($H$)、地径($BD$)、胸径($DBH$)、3m 处干径($D_3$)、5m 处干径($D_5$)、通直度($SSD$)、分枝角($BRA$)、分枝度($BRD$)、结实量($FT$)、节间距($KD$)、0m 树皮厚度($BT_0$)和 1.3m 树皮厚度($BT_{1.3}$)等生长性状指标测定,并对单株材积($V$)、圆满度($RD$)及尖削度($TR$)进行计算,每个大区内每个无性系随机选取 3 棵树进行测定。其中树高的测定利用测高仪进行测定;地径、胸径、3m 处干径和 5m 处干径利用胸径尺进行测定;选取单株树体 1.3m 处向上 5 个节间距,利用塔尺进行测量,计算平均值后算为该树的节间距;利用量角器,在距植株 3m 处,找植株最低分叉点的最大分枝角度作为单株分枝角;0m 树皮厚度和 1.3m 树皮厚度的测定采取对单株南侧 0m 和 1.3m 处树皮打孔取样,取下树皮后利用电子游标卡尺进行测量的方法。通直度和分枝度的测定参照黄德龙(2008)和赵曦阳(2010)的方法按等级标准赋值,结实量的测定根据观察单株整体球果分布情况,估计其结实量,同样按等级标准赋值,其具体调查方法分别见表 5-1,在进行方差分析时需对其进行平方根的转换。材积利用公式(梁德洋等,2016):

$$V = 0.19328321D^2H + 0.007734354DH + 0.82141915D^2$$

式中:$V$ 为材积,$D$ 为胸径,$H$ 为树高。

尖削度和圆满度的计算参照张有慧等(2008)的方法,其计算公式分别如下:

$$TR = (D - D_3)/D$$

式中:$TR$ 为尖削度,$D_3$ 为 3m 处干径。

表 5-1  通直度、分枝度和结实量调查评判标准及分值

| 性状 | 分值 | | | | |
| --- | --- | --- | --- | --- | --- |
|  | 1 | 2 | 3 | 4 | 5 |
| 通直度 | 树干有 2 段以上明显弯曲 | 树干有 2 段以上稍微弯曲或 1 段明显弯曲 | 树干有 1~2 段稍弯曲 | 树干有 1 段稍弯曲 | 完全通直 |
| 分枝度 | 主干高度 1/4 以下有 1 个大分叉或几个分叉 | 主干高度 1/4~1/2 处有 1 个或几个较大分叉 | 主干高度 1/2~3/4 处有 1 个或几个大分叉 | 主干高度 3/4 以上有 1 个分叉 | 没有明显分叉 |
| 结实量 FT | 基本无球果,结实量少 | 球果个数零星,结实量较少 | 球果分布均匀,结实量多 | 球果个数较多,结实量较多 | 球果分布密集,结实量最多 |

$$RD = 2\left(G_5 + G_{1.3}\right) / \pi\, D_{1.3}^2$$

式中：$RD$ 为圆满度，$G_5$ 为 5m 处截面积，$G_{1.3}$ 为胸径处截面积。

（2）统计分析方法

所有数据均利用 SPSS（13.0）进行分析。所有性状方差分析线性模型为：

$$X_{ij} = \mu + C_i + e_{ij}$$

式中：$\mu$ 为总体平均值，$C_i$ 为无性系效应，$e_{ij}$ 为环境误差。表型变异系数、重复力参考第 2 章 2.1；表型相关系数参考第 3 章 3.1；

主成分分析方法采用基因型相关矩阵，参照 Jacobi 的方法计算主成分特征根、特征向量和主成分值（赵凯歌，2007）。

综合评价与遗传增益估算方法见第 2 章 2.1。

## 5.2　结果和分析

### 5.2.1　各性状方差分析

对无性系各生长性状进行方差分析，其结果见表 5-2。方差分析表明，通直度、分枝度、0m 树皮厚度、1.3m 树皮厚度和节间距等性状在各无性系间差异不显著，分枝角和结实量等性状在无性系间存在显著差异，其他各性状间均存在极显著差异，结果表明不同无性系间差异较大，有利于无性系的评价选择。

表 5-2　各无性系间不同生长性状的方差分析

| 性状 | SS | df | MS | F |
|---|---|---|---|---|
| 树高 $H$ | 614.66 | 57 | 10.78 | 3.91 ** |
| 地径 $BD$ | 2424.61 | 57 | 42.54 | 1.69 ** |
| 胸径 $DBH$ | 1306.17 | 57 | 22.92 | 1.76 ** |
| 3m 处干径 $D_3$ | 1163.62 | 57 | 20.41 | 2.23 ** |
| 5m 处干径 $D_5$ | 1134.21 | 57 | 19.90 | 2.46 ** |
| 尖削度 $TR$ | 0.47 | 57 | 0.01 | 2.26 ** |
| 圆满度 $RD$ | 0.38 | 57 | 0.01 | 3.20 ** |
| 材积 $V$ | 0.80 | 57 | 0.01 | 2.21 ** |
| 通直度 $SSD$ | 1.02 | 57 | 0.02 | 1.11 |
| 分枝角 $BRA$ | 14795.47 | 57 | 259.57 | 1.53 * |
| 分枝度 $BRD$ | 4.60 | 57 | 0.08 | 1.36 |
| 结实量 $FT$ | 9.13 | 57 | 0.16 | 1.53 * |
| 0m 树皮厚度 $BT_0$ | 157.06 | 57 | 2.76 | 1.35 |
| 1.3m 树皮厚度 $BT_{1.3}$ | 75.91 | 57 | 1.33 | 1.43 |
| 节间距 $KD$ | 6228.71 | 57 | 109.28 | 1.41 |

注：** 表示 $P < 0.01$，达极显著水平；* 表示 $P < 0.05$，达显著水平，下同。

### 5.2.2 各性状遗传变异参数分析

无性系不同生长性状遗传分析结果见表5-3。各性状变异系数变化范围为8.05%（圆满度）~54.97%（结实量）。不同性状的重复力变化范围为0.1023（通直度）~0.7442（树高），树高、3m处干径、5m处干径、材积、尖削度和圆满度的重复力均大于0.5，属较高重复力，高变异系数、高重复力，有利于优良无性系的评价选择。

**表5-3　不同生长性状各无性系的遗传变异参数**

| 性状 | $\overline{X} \pm SD$ | 变幅 | PCV | R |
|---|---|---|---|---|
| 树高 H | 13.98±2.32 | 9.50~18.80 | 16.63 | 0.7442 |
| 地径 BD | 25.81±5.56 | 13.73~40.13 | 21.53 | 0.4090 |
| 胸径 DBH | 22.03±4.04 | 11.46~32.30 | 18.32 | 0.4315 |
| 3m处干径 $D_3$ | 18.71±3.59 | 10.19~27.07 | 19.18 | 0.5506 |
| 5m处干径 $D_5$ | 15.36±3.46 | 8.63~26.11 | 22.54 | 0.5933 |
| 尖削度 TR | 0.1494±0.0716 | 0.0019~0.4250 | 47.93 | 0.5577 |
| 圆满度 RD | 0.7461±0.0601 | 0.6163~0.9060 | 8.05 | 0.6874 |
| 材积 V | 0.2077±0.0943 | 0.0434~0.5117 | 45.43 | 0.5465 |
| 通直度 SSD | 4.88±0.49 | 2.00~5.00 | 10.15 | 0.1023 |
| 分枝角 BRA | 77.01±14.13 | 40.00~105.00 | 18.32 | 0.3447 |
| 分枝度 BRD | 4.74±0.89 | 1.00~5.00 | 18.79 | 0.2642 |
| 结实量 FT | 1.82±1.00 | 1.00~4.00 | 54.97 | 0.3473 |
| 0m树皮厚度 $BT_0$ | 5.50±1.51 | 2.48~11.62 | 27.43 | 0.2604 |
| 1.3m树皮厚度 $BT_{1.3}$ | 3.40±1.03 | 1.13~6.67 | 30.38 | 0.2982 |
| 节间距 KD | 46.54±9.39 | 24.60~79.00 | 20.17 | 0.2893 |

注：树高单位m，地径、胸径、3m和5m处干径单位为cm，材积单位为$m^3$，分枝角单位为°，0m处及1.3m处树皮厚度单位为mm。下同。

### 5.2.3 性状间相关分析

性状间相关分析结果见表5-4。树高、地径、胸径、3m处干径、5m处干径、材积和1.3m树皮厚度等性状间均存在极显著（$P<0.01$）正相关，节间距和树高、地径、材积、分枝度间存在显著（$P<0.05$）正相关，而尖削度和圆满度、尖削度和3m处干径、5m处干径间存在极显著负相关，尖削度、圆满度、通直度、分枝度、分枝角、结实量、节间距、0m和1.3m树皮厚度的相关系数未达显著水平。生长性状之间及结实量与生长性状间的高相关系数，表明对无性系进行生长、结实联合选择的可行性。

表 5-4　各性状相关分析

| 性状 | H | BD | DBG | $D_3$ | $D_5$ | TR | RD | V | SSD | BRA | BRD | FT | $BT_0$ | $BT_{1.3}$ |
|---|---|---|---|---|---|---|---|---|---|---|---|---|---|---|
| BD | 0.802** | | | | | | | | | | | | | |
| DBH | 0.823** | 0.910** | | | | | | | | | | | | |
| $D_3$ | 0.761** | 0.805** | 0.895** | | | | | | | | | | | |
| $D_5$ | 0.712** | 0.735** | 0.824** | 0.928** | | | | | | | | | | |
| TR | 0.033 | 0.118 | 0.106 | -0.342** | -0.321** | | | | | | | | | |
| RD | 0.110 | 0.022 | 0.056 | 0.378** | 0.600** | -0.720** | | | | | | | | |
| V | 0.882** | 0.909** | 0.977** | 0.868** | 0.800** | 0.112 | 0.050 | | | | | | | |
| SSD | 0.151* | 0.115 | 0.130 | 0.119 | 0.109 | 0.009 | 0.029 | 0.132 | | | | | | |
| BRA | 0.133 | 0.093 | 0.083 | 0.083 | 0.107 | -0.018 | 0.068 | 0.098 | 0.085 | | | | | |
| BRD | 0.215** | 0.116 | 0.145 | 0.143 | 0.135 | -0.015 | 0.045 | 0.169* | 0.690** | 0.083 | | | | |
| FT | 0.266** | 0.201** | 0.246** | 0.142 | 0.128 | 0.203** | -0.108 | 0.244** | 0.078 | 0.127 | 0.075 | | | |
| $BT_0$ | 0.133 | 0.244** | 0.239** | 0.249** | 0.205** | -0.060 | 0.042 | 0.207** | 0.043 | 0.016 | -0.143 | 0.100 | | |
| $BT_{1.3}$ | 0.322** | 0.310** | 0.297** | 0.332** | 0.278** | -0.135 | 0.087 | 0.300** | 0.051 | 0.086 | -0.038 | 0.108 | 0.630** | |
| KD | 0.159* | 0.194** | 0.197** | 0.202** | 0.211** | -0.020 | 0.080 | 0.191** | 0.101 | -0.026 | 0.163* | 0.067 | -0.059 | 0.045 |

注：相关分析采用 Person 相关分析，** 表示在 0.01 水平上极显著相关（双侧），* 表示在 0.05 水平上显著相关（双侧），下同。

### 5.2.4 各性状主成分分析

在满足 Bartlett 的球形检验系数大于 0.6，以及各性状变量提取值大于 60% 的前提下，对满足要求的树高、地径、材积和胸径等多个性状变量（除分枝角、结实量和节间距外）进行主成分分析，求出特征根及其累积贡献率，根据累积贡献率大于 85% 的原则，最终保留 4 个主成分（表 5-5），其中主成分 $Y_1$ 贡献率最大，达 48.14%，到 $Y_4$ 时累积贡献率为 89.98%（>85.00%）。不同性状各主成分值见表 5-6，其中材积、胸径、树高、地径、3m 处干径和 5m 处干径的主成分 $Y_1$ 值较大（>0.7755），圆满度和尖削度的主成分 $Y_2$ 绝对值较大（>0.9339），通直度和分枝度的主成分 $Y_3$ 值较大（>0.8826），0m 树皮厚度和 1.3m 树皮厚度的主成分 $Y_4$ 值较大（>0.7779），不同主成分在不同生长性状中所占比重不同。

**表 5-5 各性状主成分分析表**

| 主成分 | $Y_1$ | $Y_2$ | $Y_3$ | $Y_4$ |
|---|---|---|---|---|
| 特征根 | 5.7768 | 2.1221 | 1.6413 | 1.2575 |
| 累计贡献率 | 48.1397 | 65.8238 | 79.5012 | 89.9804 |
| 材积 $V$ | 0.9808 | −0.0096 | 0.1181 | 0.1021 |
| 胸径 $DBH$ | 0.9672 | 0.0302 | 0.1127 | 0.1221 |
| 树高 $H$ | 0.9318 | 0.0050 | 0.1041 | 0.0592 |
| 地径 $BD$ | 0.9306 | −0.0565 | 0.0771 | 0.1219 |
| 3m 处干径 $D_3$ | 0.8435 | 0.4547 | 0.0929 | 0.1627 |
| 5m 处干径 $D_5$ | 0.7755 | 0.5860 | 0.0747 | 0.0888 |
| 圆满度 $RD$ | 0.1094 | 0.9470 | 0.0220 | 0.0077 |
| 尖削度 $TR$ | 0.0355 | −0.9339 | 0.0139 | −0.1262 |
| 通直度 $SSD$ | 0.0290 | −0.0035 | 0.9453 | 0.0890 |
| 分枝度 $BRD$ | 0.2644 | 0.0343 | 0.8826 | −0.1496 |
| 0m 树皮厚度 $BT_0$ | 0.0121 | 0.0616 | −0.0058 | 0.9183 |
| 1.3m 树皮厚度 $BT_{1.3}$ | 0.3549 | 0.0962 | −0.0396 | 0.7779 |

根据每个特征根所对应的特征向量，利用 Varimax 正交旋转法，对各无性系不同主成分值进行计算，结果显示不同无性系所对应的各主成分值不同（表 5-6），其中无性系 L59 的主成分 $Y_1$ 最大（2.0414），无性系 L53 的主成分 $Y_2$ 最大（2.0025），无性系 L17 的主成分 $Y_3$ 最大（0.7755），无性系 L97 的主成分 $Y_4$ 最大（2.7635）。

表 5-6　无性系主成分值分析

| 无性系 | $Y_1$ | $Y_2$ | $Y_3$ | $Y_4$ | 无性系 | $Y_1$ | $Y_2$ | $Y_3$ | $Y_4$ |
|---|---|---|---|---|---|---|---|---|---|
| L1 | -0.5021 | 0.9547 | 0.5159 | -0.8144 | L50 | -0.2664 | 0.4053 | -1.7278 | -1.3466 |
| L3 | 0.7325 | 1.8237 | -2.7746 | 0.1081 | L51 | 0.4674 | -0.1380 | -4.0269 | 0.0890 |
| L5 | -0.7960 | -0.4007 | -1.4624 | 1.4400 | L52 | 0.5435 | -1.2476 | -0.9027 | -1.1511 |
| L7 | -0.1951 | 1.2692 | 0.5054 | -0.0486 | L53 | 0.6010 | 2.0025 | 0.3069 | -0.9743 |
| L11 | -0.2722 | 0.8303 | 0.5224 | -0.2493 | L55 | -0.0149 | 0.2904 | -1.7597 | -0.4926 |
| L13 | -0.4977 | 1.9687 | 0.4651 | -0.5219 | L56 | 1.6421 | 0.1798 | 0.1939 | 0.5619 |
| L14 | -0.4267 | -0.2158 | 0.4803 | -1.8083 | L58 | 0.6525 | 0.3416 | 0.3484 | -0.2520 |
| L16 | -1.3742 | 0.3599 | 0.6792 | 0.6171 | L59 | 2.0414 | 1.9695 | 0.1187 | -0.2873 |
| L17 | -1.5353 | -1.3953 | 0.7755 | 0.4659 | L61 | 0.8646 | -1.1430 | 0.4032 | 1.1502 |
| L19 | -0.7912 | 0.0725 | -0.3091 | 0.6148 | L62 | 1.1267 | -0.7199 | 0.2825 | -1.4262 |
| L20 | -1.4003 | 0.6748 | -1.1226 | 1.4195 | L63 | 1.2627 | -1.3974 | 0.3109 | 0.0177 |
| L21 | -0.9408 | 0.3500 | 0.5834 | -0.4029 | L64 | 1.3915 | -1.0367 | 0.2714 | 0.4549 |
| L23 | -0.4485 | -1.4237 | 0.6035 | 0.1132 | L65 | -0.0034 | -0.1011 | 0.4687 | 0.5168 |
| L24 | -1.1938 | 0.7217 | 0.6000 | -1.6379 | L67 | 0.2786 | -0.6734 | 0.4583 | 1.5468 |
| L25 | 0.0177 | 1.4596 | 0.4506 | 0.0470 | L71 | 0.9712 | -0.2472 | 0.3210 | 0.4102 |
| L27 | -0.7594 | -0.9475 | 0.5573 | -1.1156 | L73 | 0.8710 | -0.1031 | 0.3511 | -0.4238 |
| L28 | -0.9501 | 0.1705 | 0.5854 | -0.5069 | L74 | 0.2747 | -0.2196 | 0.4116 | -0.3267 |
| L30 | -0.5207 | -0.2218 | 0.5496 | -0.6767 | L77 | 1.4906 | 0.1175 | 0.2877 | 0.1954 |
| L31 | -1.5613 | -1.3503 | -0.4555 | -0.5214 | L78 | 0.1249 | -1.2634 | 0.4756 | 1.6314 |
| L32 | -1.4787 | 0.0938 | 0.6397 | -1.0450 | L79 | 1.1423 | -1.0187 | 0.3222 | 0.8669 |
| L33 | -0.8870 | 0.3064 | 0.5576 | -0.8614 | L87 | 1.0677 | 0.2216 | 0.2491 | -1.9762 |
| L36 | -1.4805 | -0.2369 | -2.0150 | 1.5120 | L88 | 0.6753 | -1.2045 | 0.3509 | -0.1273 |
| L38 | -1.0478 | 0.4236 | 0.6150 | -0.1030 | L90 | 1.9877 | 0.9245 | 0.1502 | -0.3821 |
| L40 | -0.4847 | 1.7005 | 0.5677 | 1.6049 | L91 | 1.4811 | 1.0854 | 0.2768 | 1.7024 |
| L42 | -1.1619 | -0.7741 | 0.6928 | 0.9399 | L92 | 1.6692 | -1.3578 | 0.2080 | -1.0193 |
| L44 | -0.9146 | 0.1690 | -2.2674 | -0.9141 | L96 | 0.1864 | 1.2936 | 0.4549 | 0.9202 |
| L46 | -1.0422 | 0.1959 | 0.6078 | -0.1698 | L97 | -0.4925 | 0.9645 | 0.5620 | 2.7635 |
| L48 | 0.1774 | -2.0909 | -1.7370 | -0.4279 | L99 | -0.0143 | -0.9992 | 0.4889 | 0.9399 |
| L49 | -1.0589 | -0.5437 | 0.5859 | -1.1622 | L101 | 0.7717 | -0.8694 | 0.3477 | 0.5233 |

## 5.2.5　综合评价和遗传增益分析

以各无性系亲本生长和结实性状为评价指标，利用布雷金综合评价法，分别求出各无性系的 $Q_i$ 值（表 5-7），以 10% 的入选率进行选择，最终选择无性系 L59、L56、L77、L90、L92 和 L87 为优良无性系，其树高、地径、胸径、材积、3m 处干径和 5m 处干径相比总体均值而言，分别增长 20.74%、23.28%、19.12%、54.40%、21.06% 和 24.02%，其各性状遗传增益分别为 15.43%、9.52%、8.25%、29.73%、11.60% 和 14.25%。

表 5-7　各无性系 $Q_i$ 值分析

| 无性系 | $Q_i$ 值 | 无性系 | $Q_i$ 值 | 无性系 | $Q_i$ 值 | 无性系 | $Q_i$ 值 |
|---|---|---|---|---|---|---|---|
| L59 | 3.102 | L64 | 2.847 | L52 | 2.722 | L23 | 2.600 |
| L56 | 2.977 | L25 | 2.845 | L97 | 2.713 | L32 | 2.585 |
| L77 | 2.966 | L101 | 2.814 | L55 | 2.711 | L19 | 2.584 |
| L90 | 2.964 | L63 | 2.811 | L30 | 2.661 | L28 | 2.578 |
| L92 | 2.954 | L40 | 2.795 | L50 | 2.644 | L24 | 2.570 |
| L87 | 2.942 | L61 | 2.783 | L21 | 2.640 | L5 | 2.562 |
| L91 | 2.938 | L65 | 2.782 | L78 | 2.635 | L44 | 2.547 |
| L53 | 2.933 | L67 | 2.771 | L38 | 2.629 | L17 | 2.535 |
| L73 | 2.908 | L79 | 2.760 | L49 | 2.626 | L42 | 2.535 |
| L71 | 2.899 | L74 | 2.756 | L46 | 2.621 | L48 | 2.516 |
| L7 | 2.891 | L96 | 2.753 | L33 | 2.612 | L31 | 2.418 |
| L58 | 2.890 | L3 | 2.743 | L16 | 2.610 | L20 | 2.411 |
| L13 | 2.883 | L11 | 2.736 | L27 | 2.609 | L36 | 2.339 |
| L62 | 2.881 | L1 | 2.736 | L51 | 2.604 | | |
| L88 | 2.871 | L14 | 2.727 | L99 | 2.601 | | |

注：尖削度、0m 和 1.3m 树皮厚度的 $Q_i$ 值取其相反数进行最终分析。

## 5.3　讨论

　　树木的生长是由多种生长性状共同表现的结果，在进行育种选择时，综合多个性状的信息，有助于使目标性状获得最大的改进，具有较高的选择效率(李艳霞，2012 b)。本研究对 58 个长白落叶松无性系的树高、胸径等多个生长性状进行方差分析，其结果显示多个生长性状无性系间差异均达极显著水平，结果与秦桂珍(2011)的结果类似，表明上述各生长性状间存在较大差异，有利于优良无性系的选择。

　　遗传和变异是林木良种选育的基础和重要研究内容，对于遗传改良和选育具有重要意义(Mwase et al.,2008)。变异系数越大，变异程度越丰富，越有利于选择，本研究中各性状表型变异系数变化范围为 8.05% ~ 54.97%，其中树高、胸径等大多数性状变异系数均在 10% 以上，即无性系间各性状存在较大的变异，有利于优良亲本无性系选择。另外树高、3m 处干径、5m 处干径、材积、尖削度和圆满度等性状的重复力均在 0.5 以上，与李自敬等(2008)的研究结果相似，均表明其遗传给后代的能力较强，受环境影响较弱，具有较大的遗传改良潜力。

　　不同性状间的相关系数不同，表明其间存在各种强弱不同的相互关系，即树木的生长是由多种不同性状间的相互作用影响下表现的（赵曦阳，2010），分析研究这些不同生长性状的内在联系对多性状遗传改良具有重要意义。本研究中树高、地径、胸径、3m 处干径和 5m 处干径间存在显著正相关，表明控制这些性状的基因并不是相互独立的，可能存在一定的连锁关系；3m 处干径和 5m 处干径与尖削度存在显著负相关，而与圆满度和材积呈显著正相关，即 3m 处干径和 5m 处干径越大，圆满度和材积越大，尖削度反而越小，树木干形越优良，出材率越高，这与满文慧等（2006）的研究一致。树木作为商品木材时，其树皮的厚度在实际生产中往往会影响其材积的大小，本研究中 0m 和 1.3m 树皮厚度与胸径、材积等呈显著正相关，即树皮越厚，材积越大，与陈东来等（1994）的研究结果类似。对于不同树种而言，根据育种目的不同，树皮厚度等性状的选择往往更具有商品价值（罗建中等，2009）。

　　主成分分析法就是把多个相关变量综合成一个或少数几个能最大程度地反映原来变量信息的综合指标的统计分析方法（白奕，1998），利用主成分分析法，能够将复杂的多个变量综合成少数几个变量，从而将问题简单化。利用主成分分析，贺成林（2004）对毛白杨、陈兴彬等（2011）对油松的多个性状进行分析，均取得了不错的效果。本研究通过主成分分析将众多性状分成 4 个主成分，其中主成分 $Y_1$ 贡献率最大（48.14%），其次为 $Y_2$（17.68%），主成分 $Y_4$ 的贡献率最小（10.48%），贡献率越大表明其所占比重越大，影响作用越大。第一主成分 $Y_1$ 中，材积、胸径、树高、地径、3m 处干径和 5m 处干径等绝对值较高，表明 $Y_1$ 主要是生长量因素，第二主成分 $Y_2$ 中尖削度和圆满度绝对值较高，表明 $Y_2$ 主要与出材率等有关，第三主成分 $Y_3$ 中通直度和分枝度绝对值较高，表明 $Y_3$ 主要代表干形特点，第四主成分 $Y_4$ 中 0m 和 1.3m 树皮厚度绝对值较高，表明 $Y_4$ 主要代表树皮性状。不同无性系主成分值不同，主成分 $Y_1$ 越大表明无性系材积、胸径、树高、地径、3m 处干径和 5m 处干径越大，树木生长高大粗壮；主成分 $Y_2$ 越大表明圆满度越大，尖削度越小，树木出材率高；主成分 $Y_3$ 越大表明通直度和分枝度越大，树木干形优良，分叉少，自然整枝好；主成分 $Y_4$ 越大表明 0m 和 1.3m 树皮厚度越大，树木出材率越低。因此，不同无性系所对应主成分值的大小，可以反映其具体性状表现如何，在实际选育工作中，可根据育种目的不同，针对不同无性系主成分对应性状进行选择，这将更有利于优良无性系的评价选择（刘永红等，2006）。

　　利用布雷金综合评价法，以 10% 的入选率和所有性状为指标进行综合评价，最终选择无性系 L59、L56、L77、L90、L92 和 L87 为优良亲本。入选的各优良无性系主成分 $Y_1$ 值均较大，表明其树木高大粗壮，生长量大，即材积、胸径、树高、地径、3m 处干径和 5m 处干径等性状对于亲本无性系表现影响较大。入选无性系的树高、胸径和材积遗传增益分别为 15.43%、8.25% 和 29.73%，与王洪梅等（2011）、刘录等（1998）的研究结果类似，均具较高的遗传增益。本研究中入选的优良亲本无性系，是利用生长及结实性状共同评价选择的，其生长性状与结实性状均较优良，可作为长白落叶松种子园建园时优良亲本的选择材料，并为长白落叶松优良家系或无性系的选择，以及良种选育提供理论基础。

# 第6章

# 长白落叶松种实与发芽特性

种子的发芽率、发芽势和发芽指数等发芽特性是判断种子萌发数量、速度和萌发整齐度,衡量和确定种子播种品质好坏的重要指标(王志波等,2015),因此,研究结实性状与种子发芽特性的相互关系,分析不同种子播种品质的优劣,对于良种苗木培育和改良,提高造林存活率等具有重要意义(魏志刚等,2009)。

本研究以 21 个长白落叶松无性系为材料,分析各无性系结实性状和发芽特性的遗传变异情况,初步筛选出种子发芽特性表现优良的无性系亲本,这将为优良建园亲本评价选择提供理论基础。

## 6.1 材料与方法

### 6.1.1 试验地点与实验材料

试验地点见第二章 2.1,实验材料包括 21 个长白落叶松无性系的种子(表 6-1)。

**表 6-1 长白落叶松各无性系具体编号**

| 材料来源 | 无性系号 |
|---|---|
| 21 个无性系 | L5、L17、L19、L40、L42、L48、L49、L52、L55、L58、L59、L61、L65、L67、L71、L73、L74、L77、L88、L92、L99 |

### 6.1.2 实验方法

(1)各无性系结实性状测定

于 2016 年 8 月,待长白落叶松球果成熟时,采集各无性系球果,每个无性系随机选取 6 个单株,每个单株随机采下 10 个成熟饱满球果,单株内球果混合后装入纱袋中,并编号标注无性系号后带回实验室。对每个无性系的 30 个球果,利用天平称球果重($FK$);利用游标卡尺测量球果长($FL$)、球果宽($FW$),并剥出每个球果的所有种子,记录球果种子数($SN$);将各无性系所有种子混合,利用 400 粒分 4 组测定千粒重,并随机选取 30 粒测定种子的种子长度($SL$)、种子宽度($SW$)、种翅长($SWL$)和种翅宽($SWW$)。千粒重($TW$)的测定(国家质量技术监督局,1999)利用如下公式进行计算:

$$千粒重 = (种子重/种子个数) \times 1000$$

(2)种子发芽指标测定和计算公式

于 2016 年 9 月 27 日,将各无性系种子浸泡于 0.5% 的高锰酸钾溶液中,消毒 2 h 后,取出用蒸馏水冲洗两遍后放入 45℃ 温水中,室温下浸种 24 h(徐焕文等,2013)。次日,将各无性系种子取出,把湿润的脱脂棉置于培养皿底部,将滤纸平铺展开,从每个无性系中各随机挑选 400 粒种子分 4 次重复(每个重复 100 粒种子)放入培养皿中,并将培养皿置于人工气候箱中进行发芽试验。人工气候箱条件为光照约 1200μmol/(m² · s),30℃,16 h,暗处理:25℃,8 h。从 9 月 30 日开始,每天记录各无性系种子发芽个数,并定时喷水,保持培养皿底部的湿润,直到一周内种子发芽个数不足总数的 5% 时,发芽试验结束。在观察过程中,如遇到种子感染发霉,可用蒸馏水清洗后,将种子放回培养皿,继续试验。各发芽性状计算公式如下(王志波等,2012):

发芽率($GR$)= 发芽种子数/供试种子总数 $\times 100\%$;

发芽势($GP$)= 发芽达到高峰时发芽的种子数/供试种子总数 $\times 100\%$

发芽指数:$G_i = \sum (G_t/D_t)$

式中:$G_i$ 为发芽指数,$G_t$ 为第 $t$ 天的发芽种子个数,$D_t$ 为相应的天数。

(3)统计方法

所有数据均利用 SPSS(13.0)进行分析。发芽率、发芽势及发芽指数在方差分析过程中需要进行方根转换。所有性状方差分析线性模型为:

$$X_{ij} = \mu + C_i + e_{ij}$$

式中:$\mu$ 为总体平均值;$C_i$ 为无性系效应;$e_{ij}$ 为环境误差。

各性状无性系遗传力估算(Hansen et al.,1996)利用如下公式:

$$h^2 = \frac{\sigma_A^2}{\sigma_A^2 + \sigma_b^2 + \sigma_e^2}$$

式中:$h^2$ 为某一性状无性系遗传力,$\sigma_A^2$ 为无性系加性效应,$\sigma_b^2$ 为区组效应,$\sigma_e^2$ 为环境效应。

表型变异系数见第 2 章 2.1,表型相关系数见第 3 章 3.1。

## 6.2　结果和分析

### 6.2.1　各性状方差分析

由各无性系种子结实和发芽性状进行方差分析结果（表6-2）可以看出，无性系间各性状均达极显著差异水平（$P<0.01$）。

表6-2　各无性系种子结实和发芽性状方差分析

| 性状 | 变异来源 | $SS$ | $df$ | $MS$ | $F$ |
|---|---|---|---|---|---|
| 球果长 | 无性系 | 1469.85 | 20 | 73.49 | 18.62 ** |
| 球果宽 | 无性系 | 1060.70 | 20 | 53.04 | 18.11 ** |
| 球果重 | 无性系 | 24.88 | 20 | 1.24 | 17.48 ** |
| 球果种子数 | 无性系 | 5599.43 | 20 | 279.97 | 6.22 ** |
| 种翅长 | 无性系 | 172.45 | 20 | 8.62 | 8.61 ** |
| 种翅宽 | 无性系 | 13.82 | 20 | 0.69 | 2.44 ** |
| 种子长度 | 无性系 | 28.90 | 20 | 1.45 | 5.38 ** |
| 种子宽度 | 无性系 | 11.54 | 20 | 0.58 | 4.46 ** |
| 千粒重 | 无性系 | 55.67 | 20 | 2.78 | 15.75 ** |
| 发芽率 | 无性系 | 2.00 | 20 | 0.10 | 18.08 ** |
| 发芽势 | 无性系 | 0.10 | 20 | 0.01 | 4.51 ** |
| 发芽指数 | 无性系 | 9.85 | 20 | 0.49 | 17.55 ** |

注：** 表示 $P<0.01$，差异达极显著水平；* 表示 $P<0.05$，差异达显著水平。

### 6.2.2　不同无性系各性状均值分析

由各无性系结实和发芽性状均值（表6-3）可以看出，各无性系的平均球果长、球果宽、球果重、球果种子数、种翅长、种翅宽、种子长度、种子宽度、千粒重、发芽率、发芽势和发芽指数分别为：24.42mm、19.50mm、1.26g、11.83 个、5.38mm、1.59mm、3.86mm、2.52mm、3.831g、50.79%、13.57% 和1.23。其中球果长最大值无性系 L52（28.92mm）是最小值无性系 L99（20.12mm）的 1.44 倍；球果宽最大值无性系 L55（24.62mm）是最小值无性系 L92（16.11mm）的 1.53 倍；球果重最大值无性系 L17（1.89g）是最小值无性系 L99（0.61g）的 3.11 倍；种子数量最大的无性系 L92（27 个）是最小值无性系 L65（4 个）的 6.52 倍；种翅长最大值的无性系 L40（7.19mm）是最小值无性系 L42（3.87mm）的 1.86 倍；种翅宽最大值的无性系 L61（2.09mm）是最小值 L42（1.12mm）的 1.86 倍；种子长度最大值的无性系 L52

表 6-3 各无性系种子表型和发芽性状均值

| 无性系 | 球果长 | 球果宽 | 球果重 | 球果种子数 | 种翅长 | 种翅宽 | 种子长 | 种子宽 | 千粒重 | 发芽率 | 发芽势 | 发芽指数 |
|---|---|---|---|---|---|---|---|---|---|---|---|---|
| L5 | 25.19 | 19.48 | 1.53 | 10 | 5.10 | 1.61 | 3.80 | 2.60 | 3.359 | 47.92 | 15.00 | 1.10 |
| L17 | 27.28 | 23.41 | 1.89 | 18 | 5.97 | 1.76 | 4.39 | 2.66 | 4.853 | 70.83 | 20.00 | 1.71 |
| L19 | 23.08 | 18.41 | 1.03 | 9 | 4.94 | 1.24 | 3.60 | 2.41 | 3.211 | 43.75 | 11.67 | 0.98 |
| L40 | 26.31 | 20.11 | 1.26 | 9 | 7.19 | 2.04 | 4.03 | 2.69 | 4.144 | 56.25 | 15.00 | 1.41 |
| L42 | 20.38 | 19.15 | 0.74 | 5 | 3.87 | 1.12 | 3.74 | 2.34 | 2.902 | 41.67 | 10.00 | 1.09 |
| L48 | 28.03 | 20.89 | 1.53 | 17 | 4.88 | 1.61 | 4.17 | 2.82 | 3.334 | 41.67 | 10.00 | 0.98 |
| L49 | 25.14 | 21.04 | 1.20 | 12 | 4.68 | 1.48 | 4.25 | 2.68 | 4.707 | 70.83 | 18.33 | 1.81 |
| L52 | 28.92 | 21.96 | 1.53 | 13 | 6.78 | 1.60 | 4.55 | 2.90 | 5.682 | 72.92 | 21.67 | 1.80 |
| L55 | 27.05 | 24.62 | 1.77 | 14 | 6.62 | 1.73 | 4.34 | 2.93 | 5.191 | 66.67 | 18.33 | 1.59 |
| L58 | 26.88 | 21.48 | 1.62 | 15 | 6.01 | 1.82 | 3.90 | 2.54 | 3.211 | 37.50 | 10.00 | 0.84 |
| L59 | 23.68 | 18.18 | 1.20 | 15 | 5.14 | 1.77 | 3.74 | 2.26 | 3.019 | 37.50 | 11.67 | 0.82 |
| L61 | 23.30 | 17.11 | 1.45 | 11 | 5.84 | 2.09 | 3.44 | 2.30 | 2.647 | 31.25 | 8.33 | 0.71 |
| L65 | 20.59 | 16.33 | 0.75 | 4 | 5.27 | 1.37 | 3.30 | 2.44 | 2.951 | 37.50 | 8.33 | 0.90 |
| L67 | 22.67 | 18.30 | 1.20 | 12 | 6.26 | 1.75 | 3.92 | 2.72 | 5.047 | 77.08 | 18.33 | 1.92 |
| L71 | 27.10 | 20.63 | 1.46 | 12 | 5.86 | 1.65 | 4.03 | 2.65 | 5.161 | 64.58 | 16.67 | 1.56 |
| L73 | 20.99 | 17.06 | 0.75 | 6 | 4.03 | 1.55 | 3.57 | 2.07 | 2.867 | 29.17 | 8.33 | 0.68 |
| L74 | 26.20 | 19.75 | 1.47 | 10 | 5.66 | 1.62 | 4.36 | 2.58 | 4.482 | 39.58 | 10.00 | 0.90 |
| L77 | 22.00 | 20.40 | 1.09 | 8 | 5.45 | 1.50 | 3.24 | 2.55 | 2.883 | 37.50 | 10.00 | 0.87 |
| L88 | 22.63 | 18.57 | 1.04 | 16 | 5.11 | 1.72 | 3.58 | 2.32 | 4.140 | 54.17 | 13.33 | 1.43 |
| L92 | 25.16 | 16.11 | 1.40 | 27 | 4.03 | 1.20 | 3.64 | 2.12 | 3.747 | 45.83 | 15.00 | 1.04 |
| L99 | 20.12 | 16.45 | 0.61 | 6 | 4.21 | 1.15 | 3.45 | 2.34 | 2.919 | 62.50 | 15.00 | 1.64 |
| 均值 | 24.42 | 19.50 | 1.26 | 11.83 | 5.38 | 1.59 | 3.86 | 2.52 | 3.83 | 50.79 | 13.57 | 1.23 |

注：球果长、球果宽、种翅长、种翅宽、种子长、种子宽单位均为 mm，球果重单位为 g，球果种子数单位为个，千粒重单位为 g，发芽率和发芽势单位均为%，下同。

(4.55mm)是最小值无性系 L77(3.24mm)的 1.40 倍；种子宽度最大值的无性系 L55(2.93mm)是最小值无性系 L73(2.07mm)的 1.42 倍；千粒重最大值的无性系 L52(5.682g)是最小值无性系 L61(2.647g)2.15 倍。

　　从发芽性状来看，无性系 L67 发芽率最大，达77.08%，是各无性系发芽率总体均值的 1.52 倍，其次为无性系 L52(72.92%)，发芽率最低的为无性系 L73，仅为 29.17%。各无性系发芽势变化范围为 8.33%(L61、L65 和 L73)～21.67%(L52)，发芽指数变化范围为 0.68(L73)～1.92(L67)。各无性系种子发芽率随时间均呈现先增长后趋于稳定的规律(图6-1)，各无性系在第 3～4 天进入发芽期，于第 6～8 天达到发芽高峰期，到第 16 天左右发芽结束，其中无性系 L40、L42、L49、L52、L55、L67、L88 和 L99 较早进入发芽期，均在第 3 天开始发芽，且发芽结束时，无性系 L17、L49、L55、L71、L99、L52 和 L67 种子发芽率较大(＞62.50%)，其总体发芽率均值达 69.34%，即表明其发芽性状较为优良。

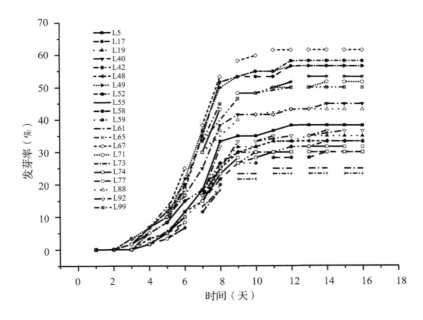

图6-1　不同时间不同无性系的发芽率

## 6.2.3　各性状遗传变异参数分析

　　各性状变异系数变化范围为 13.34%(球果长)～69.47%(种子数量)，且发芽率、发芽势和发芽指数变异系数均超过30%，属于高变异系数(表6-4)。各性状遗传力变化范围为 0.7757～0.9463，其中球果长遗传力最大，种子宽度遗传力最小，所有性状属中高水平遗传力，表明各性状受较强遗传因素控制。

表 6-4　不同性状遗传变异参数

| 性状 | $\overline{X} \pm SD$ | 变幅 | 变异系数 | 遗传力 |
|---|---|---|---|---|
| 球果长 | 24.42 ±3.26 | 17.09 ~ 32.92 | 13.34 | 0.9463 |
| 球果宽 | 19.50 ±2.78 | 11.96 ~ 26.67 | 14.26 | 0.9448 |
| 球果重 | 1.26 ±0.43 | 0.47 ~ 3.21 | 33.93 | 0.9428 |
| 球果种子数 | 11.83 ±8.22 | 1 ~ 46 | 69.47 | 0.8391 |
| 种翅长 | 5.38 ±1.32 | 1.96 ~ 8.87 | 24.48 | 0.8839 |
| 种翅宽 | 1.59 ±0.57 | 0.23 ~ 3.8 | 35.74 | 0.5900 |
| 种子长度 | 3.86 ±0.62 | 2.26 ~ 5.28 | 16.00 | 0.8140 |
| 种子宽度 | 2.52 ±0.42 | 1.40 ~ 3.73 | 16.48 | 0.7757 |
| 千粒重 | 3.83 ±1.01 | 2.20 ~ 5.78 | 26.33 | 0.9365 |
| 发芽率 | 50.79 ±15.65 | 25.00 ~ 81.25 | 30.82 | 0.9447 |
| 发芽势 | 13.57 ±4.95 | 5.00 ~ 25.00 | 36.50 | 0.7783 |
| 发芽指数 | 1.23 ±0.42 | 0.56 ~ 2.06 | 34.36 | 0.9430 |

注：$\overline{X}$ 为各性状均值，$SD$ 为标准差。

## 6.2.4　各性状相关分析

各性状间相关系数变化范围为 0.054 ~ 0.889（表6-5），其中球果长度与所有种子表型极显著正相关（0.454 ~ 0.889），与发芽势显著正相关（0.500），与发芽率、发芽指数正相关但是未达显著水平；球果重与球果种子数、种翅长、种翅宽、种子长度、种子宽度极显著正相关（0.563 ~ 0.685）；球果种子数与球果长及球果重量极显著正相关（0.573,0.631），与其它指标相关均未达显著水平；种子长度、宽度与发芽率、发芽势及发芽指数间显著正相关（0.537 ~ 0.800）；种子发芽率、发芽势及发芽指数间存在极显著正相关（0.909 ~ 0.991）。

表 6-5 不同性状间的相关分析

| 性状 | FL | FW | FK | SN | SWL | SWW | SL | SW | TW | GR | GP |
|------|------|------|------|------|------|------|------|------|------|------|------|
| FW | 0.725** | | | | | | | | | | |
| FK | 0.889** | 0.710** | | | | | | | | | |
| SN | 0.573** | 0.211 | 0.631** | | | | | | | | |
| SWL | 0.589** | 0.574** | 0.593** | 0.066 | | | | | | | |
| SWW | 0.454** | 0.349 | 0.563** | 0.169 | 0.737** | | | | | | |
| SL | 0.825** | 0.761** | 0.685** | 0.338 | 0.489* | 0.290 | | | | | |
| SW | 0.628** | 0.800** | 0.585** | 0.053 | 0.701** | 0.321 | 0.727** | | | | |
| TW | 0.646** | 0.616** | 0.542* | 0.338 | 0.585** | 0.249 | 0.800** | 0.688** | | | |
| GR | 0.370 | 0.471* | 0.289 | 0.204 | 0.410 | 0.054 | 0.588** | 0.621** | 0.835** | | |
| GP | 0.500* | 0.511* | 0.435* | 0.360 | 0.417 | 0.081 | 0.639** | 0.574** | 0.840** | 0.945** | |
| GI | 0.287 | 0.420 | 0.191 | 0.141 | 0.358 | 0.021 | 0.537** | 0.578** | 0.793** | 0.991** | 0.909** |

注：** 表示 $P<0.01$，极显著相关（双侧）；* 表示 $P<0.05$，显著相关（双侧）。

### 6.2.5 聚类分析

以发芽率、发芽势和发芽指数为指标，采用最远邻近元素法，对各无性系进行系统聚类分析（图6-2）。最终将21个无性系种子聚为2类（表6-6），第一类家系发芽率、发芽势和发芽指数平均值分别为39.24%、10.69%和0.91，第二类家系发芽率、发芽势和发芽指数平均值分别为66.20%、17.41%和1.65，分别为各家系总体均值的1.30、1.28和1.34倍，第二类家系各发芽性状指标表现更为优良。

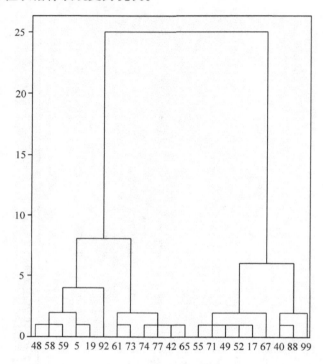

图6-2　各无性系发芽特性聚类分析

**表6-6　各无性系聚类结果**

| 类别 | 无性系 | 发芽率(%) | 发芽势(%) | 发芽指数 |
|------|--------|-----------|-----------|----------|
|      | L48    | 41.67     | 10.00     | 0.98     |
|      | L58    | 37.50     | 10.00     | 0.84     |
| 第一类 | L59  | 37.50     | 11.67     | 0.82     |
|      | L5     | 47.92     | 15.00     | 1.10     |
|      | L19    | 43.75     | 11.67     | 0.98     |

（续）

| 类别 | 无性系 | 发芽率(%) | 发芽势(%) | 发芽指数 |
|---|---|---|---|---|
| 第一类 | L92 | 45.83 | 15.00 | 1.04 |
| | L61 | 31.25 | 8.33 | 0.71 |
| | L73 | 29.17 | 8.33 | 0.68 |
| | L74 | 39.58 | 10.00 | 0.90 |
| | L77 | 37.50 | 10.00 | 0.87 |
| | L42 | 41.67 | 10.00 | 1.09 |
| | L65 | 37.50 | 8.33 | 0.90 |
| | 平均值 | 39.24 | 10.69 | 0.91 |
| 第二类 | L55 | 66.67 | 18.33 | 1.59 |
| | L71 | 64.58 | 16.67 | 1.56 |
| | L49 | 70.83 | 18.33 | 1.81 |
| | L52 | 72.92 | 21.67 | 1.80 |
| | L17 | 70.83 | 20.00 | 1.71 |
| | L67 | 77.08 | 18.33 | 1.92 |
| | L40 | 56.25 | 15.00 | 1.41 |
| | L88 | 54.17 | 13.33 | 1.43 |
| | L99 | 62.50 | 15.00 | 1.64 |
| | 平均值 | 66.20 | 17.41 | 1.65 |

# 6.3　讨论

　　本研究中不同无性系球果和种子表型性状，以及种子发芽特性间均存在极显著差异，并且各性状存在较大的表型变异系数（13.34% ~ 69.47%），其中种子发芽指标变异系数变化范围为30.82% ~ 36.50%，与赵曦阳等（2008）对梓树属、张建国等（2006）对大果沙棘的种子研究结果类似，均表明不同无性系种子的发芽特性等性状间存在丰富的遗传变异，且各性状均属高等遗传力水平（0.7757 ~ 0.9463），受高等遗传强度控制，能够稳定地遗传，具有较大的遗传改良潜力，有利于优良品质种子的选择（魏志刚等，2009）。

　　种子发芽率、发芽势和发芽指数等特性是评价种子播种品质优劣的重要指标（陶嘉龄等，1991），也是优良材料评价选择的重要指标。种子发芽率是判断种子萌发数量和发芽能力，以及衡量种子品质好坏的重要指标（颜启传，2001）。种子发芽势是反映种子萌发速度和整齐度的重要指标，而发芽指数是判断种子发芽能力和种子活力另一项重要指标（方玉梅等，2006）。本研究中21个无性系种子的各发芽指标不同，其中无性系 L52 和 L67 的发芽率、发芽势和发芽指数分别为 72.92% 和 77.08%、21.67% 和 18.33%、1.80 和 1.92，其发芽特性与宋廷茂等（1990）对兴安落叶松、李庆梅等（2007）对长白落叶松的研究结果类似，而无性系 L73 种子发芽率、发芽势和发芽指数仅为 29.17%、8.33% 和 0.68。相比其他家系而言，无性系 L52 和 L67 种子萌发速度快，发芽能力强，发芽率高，整齐度好，可作为优良遗传播种品质种子。不同无性系种子发芽过程不同，无性系 L40、L42、L49、L52、L55、L67、L88 和 L99 最早进入发芽期，各无性系分别在第 6~8 天进入发芽高峰期，比王志波等（2012）对华北落叶松的研究稍早，而各无性系种子发芽率平均在第 16 天左右趋于稳定，即进入发芽结束期，又比陈怀梁等（2010）对长白落叶松的研究稍早，这可能是由于材料因素所导致。

千粒重是描述种子表型性状的重要指标，研究表明其与种子发芽特性具有密切的联系（王瑾等，2015）。本研究中各无性系种子的千粒重与发芽率、发芽势和发芽指数存在极显著正相关（$P<0.01$），与贯春雨等（2014）对阿拉斯加落叶松研究相似，千粒重越大，种子内营养存贮越充足，越有利于幼胚的生长和发育，即种子发芽特性表现越好。无性系 L52 和 L67 千粒重较大，表明其种子内部储存的营养物质丰富，其发芽特性与各家系均值分析结果一致，均表现出较强的发芽能力。另外，相关分析显示球果长、球果宽、种翅长、种子长度和种子宽度与千粒重间均存在显著或极显著的正相关，种子长度、种子宽度与种子发芽率、发芽势、发芽指数均存在极显著正相关，这与王娅丽等（2008）对云杉的研究类似，表明结实性状与种子千粒重也存在密切的关系，并一定程度上影响着种子的发芽特性，对种子品质的间接评价具有重要作用。

聚类分析指将物理或抽象对象的集合分组为由类似的对象组成的多个类的分析过程（孙玉芬等，2007）。陈奶莲等（2015）对杉木、郑兰长等（1999）对毛泡桐的发芽性状研究中，均利用聚类分析取得了不错的效果。本研究以发芽率、发芽势和发芽指数为指标进行系统聚类分析，最终将 21 个无性系聚为两类，其中第二类无性系（L17、L40、L49、L52、L55、L67、L71、L88 和 L99）平均发芽率、发芽势和发芽指数分别为 66.20%、17.41% 和 1.65，其发芽特性较好，可作为优良遗传播种品质种子的选择材料，从而为良种造林成活率的提高，以及优良无性系或家系选择评价和良种培育奠定基础。

# 第7章

# 长白落叶松无性系抗寒性比较研究

温度是影响植物生长和分布的重要因子，低温会直接影响植物的生长发育和生理代谢（Harrison et al.，1998）。低温胁迫时间的长短也是影响植物生长和发育的重要因素，随着胁迫时间的延长，植物损伤越重（刘奕清等，2007）。低温胁迫会对细胞膜构成伤害，导致细胞膜通透性的改变，细胞内大量的物质向外渗透（Paal et al.，2015），从而引起相对电导率的变化，因此，利用相对电导率可以测定植物的抗寒性，相对电导率越大，抗寒性越差（Graf et al.，1997）。抗寒性是林木遗传改良的一个重要性状，直接影响着其分布和改良，是抗逆性育种中一个重要的性状。自 Dexter 首次利用低温下相对电导率的变化来测定植物抗寒性以来，电导率法已成为目前抗寒性测定的最常用的方法之一（任惠等，2016），目前有很多关于抗寒性测定的报导，都取得了理想的效果（Driessche，2011）。

本研究以四平市林木种子园长白落叶松 58 个无性系 1 年生枝条为实验材料，对其进行低温胁迫处理，利用电导率对各无性系进行聚类分析，比较不同无性系的抗寒性强弱，以期为长白落叶松抗寒无性系评价选择提供理论基础。

## 7.1 材料和方法

### 7.1.1 试验地点及材料

试验地点及试验林状况见第 2 章 2.1。实验材料包括 58 个 28 年生长白落叶松无性系，具体见表 7.4。

### 7.1.2 实验方法

于 2016 年 11 月初（室外温度 −10 ~ 0℃）采集各无性系的 1 年生枝条，采用完全随机试验设计，每个无性系随机选取 15 株长势相近的树，在每个单株的中上部南侧挑选长势相近、粗细均匀的当年生枝条进行取样（每个单株取样 10 个长约 10cm 的枝条，每个无性系各 150 个枝条进行混合），蜡封后用保鲜袋装好后带回实验室，先用自来水冲洗，再用去离子水冲洗两遍，用滤纸吸干后放入4℃冰箱保存待用。

（1）时间与温度耦合实验

以 L1、L36、L59 和 L90 等四个无性系为材料，各无性系的枝条随机分成 16 个处理组和 1 个对照组，每组 6 次重复。无性系枝条在室温（20℃）放置 1h 后，测其室温相对电导率。处理组各无性系枝条分别放入 −50℃、−40℃、−30℃ 和 −20℃ 低温冰箱中，每个温度下分别处理 6h、8h、10h 和 12h，共 16 个处理。处理后将每个处理的枝条拿出放入 4℃ 冰箱恢复 1h，测定其处理相对电导率。

（2）58 个无性系常温及低温胁迫下电导率测定实验

首先根据 1.2.1 的方法测定 58 个无性系的对照相对电导率，之后将 58 个无性系的枝条放入 −40℃ 低温冰箱中，处理 12h，拿出放入 4℃ 冰箱恢复 1h 后，测定其处理相对电导率。

（3）相对电导率测定方法

将低温胁迫处理后的枝条剪成 0.2～0.3cm 的小段，避开芽眼，混合均匀，称取 1g 置于 15ml 长试管中，加入 10ml 去离子水，盖上塞子，置于室温下 12h，重复三次，之后用 DDS−307A 数字电导仪测定其初始电导率（$D_1$），然后盖上塞子，将试管放入沸水中水浴 30min，取出后冷却至室温，再测定其最终电导率（$D_2$），利用 $D_1$ 与 $D_2$ 的比值计算枝条相对电导率。

（4）统计分析方法

所有数据利用 SPSS 和 EXCELL 软件进行分析。其中 4 个无性系温度与时间处理方差分析采用线性模型为：

$$X_{ijkl} = \mu + A_i + B_j + C_k + AB_{ij} + AC_{ik} + BC_{jk} + ABC_{ijk} + e_{ijkl} \qquad (7\text{-}1)$$

式中：$\mu$ 为总体平均值，$A_i$ 为无性系效应，$B_j$ 为温度效应，$C_k$ 为时间效应，$AB_{ij}$ 为无性系与温度交互效应，$AC_{ik}$ 为无性系与时间的交互效应，$BC_{jk}$ 为温度与时间的交互效应，$ABC_{ijk}$ 为无性系、时间与温度之间的交互作用，$e_{ijkl}$ 为环境误差。

58 个无性系之间方差分析采用线性模型为：

$$X_{ij} = \mu + A_i + e_{ij} \qquad (7\text{-}2)$$

式中：$\mu$ 为总体平均值，$A_i$ 为无性系效应，$e_{ij}$ 为环境误差（续九如，2006）。

根据续九如（2006）的方法估算无性系重复力：

$$R = 1 - 1/F \qquad (7\text{-}3)$$

式中：$F$ 为方差分析的 $F$ 值。

## 7.2　结果和分析

### 7.2.1　不同时间及温度处理条件下 4 个无性系的相对电导率方差分析

4 个无性系(L1、L36、L59 和 L90)处理相对电导率数据反正弦转换处理后进行方差分析,结果见表 7-1,所有变异来源的相对电导率差异均达极显著水平($P < 0.01$)。

表 7-1　不同温度和时间处理下 4 个无性系相对电导率的方差分析

| 性状 | SS | df | MS | F |
| --- | --- | --- | --- | --- |
| 无性系 | 0.165 | 3 | 0.055 | 515.775** |
| 温度 | 0.717 | 3 | 0.239 | 2242.357** |
| 时间 | 0.147 | 3 | 0.049 | 459.487** |
| 无性系×温度 | 0.069 | 9 | 0.008 | 71.627** |
| 无性系×时间 | 0.011 | 9 | 0.001 | 11.296** |
| 温度×时间 | 0.047 | 9 | 0.005 | 49.478** |
| 无性系×温度×时间 | 0.051 | 27 | 0.002 | 17.773** |
| 误差 | 0.014 | 128 | 0.000 | |
| 总计 | 58.403 | 192 | | |

注:** 代表方差分析检验差异达极显著水平($P < 0.01$)。

### 7.2.2　不同温度和时间处理下 4 个无性系相对电导率值

在不相同的胁迫时间下,随着温度的降低,各无性系相对电导率均逐渐升高(表 7-2);在同一温度胁迫下,随着胁迫时间的延长,各无性系相对电导率的变化趋势不尽相同。在 -20℃ 低温胁迫下,随着时间的延长(6 ~ 12h),各无性系相对电导率均呈现逐步升高的趋势,表明在该温度条件下,低温胁迫时间越长,对细胞膜造成的伤害越大;而在 -30℃ 和 -40℃ 的低温胁迫下,虽然各无性系相对电导率总体仍是增大的趋势,但部分无性系( -30℃ 下无性系 L36, -40℃ 下无性系 L59 和 L90)表现出在相对电导率增大的过程中出现小幅度减小的规律;当温度降低到 -50℃ 时,在胁迫时间 8 ~ 10h 之间,无性系 L36、L59 和 L90 的相对电导率在上升后均出现了急剧下降,只有无性系 L1 的相对电导率未出现下降,反而随胁迫时间延长逐渐上升。

表 7-2　不同温度和时间处理下各无性系的相对电导率

| 温度 | 无性系 | 时间（h） | 处理电导率 | 温度 | 无性系 | 时间（h） | 处理电导率 |
|---|---|---|---|---|---|---|---|
| -50℃ | L1 | 6 | 53.00 ± 2.54 c | -30℃ | L1 | 6 | 44.11 ± 0.82 b |
| | | 8 | 61.92 ± 0.06 b | | | 8 | 45.31 ± 0.37 ab |
| | | 10 | 64.20 ± 0.84 ab | | | 10 | 46.29 ± 0.28 a |
| | | 12 | 67.00 ± 1.87 a | | | 12 | 48.41 ± 2.58 a |
| | L36 | 6 | 58.67 ± 1.41 c | | L36 | 6 | 56.13 ± 1.20 b |
| | | 8 | 75.81 ± 1.75 a | | | 8 | 52.44 ± 0.99 c |
| | | 10 | 72.09 ± 1.13 b | | | 10 | 56.50 ± 0.46 b |
| | | 12 | 76.41 ± 1.21 a | | | 12 | 65.94 ± 0.58 a |
| | L59 | 6 | 63.47 ± 1.51 d | | L59 | 6 | 53.60 ± 1.29 c |
| | | 8 | 82.17 ± 0.49 a | | | 8 | 54.47 ± 0.25 bc |
| | | 10 | 72.43 ± 4.56 c | | | 10 | 57.28 ± 1.17 b |
| | | 12 | 79.06 ± 1.68 a | | | 12 | 60.78 ± 0.74 a |
| | L90 | 6 | 59.94 ± 1.39 c | | L90 | 6 | 51.14 ± 0.72 c |
| | | 8 | 71.31 ± 0.27 b | | | 8 | 55.40 ± 1.39 ab |
| | | 10 | 61.57 ± 1.27 c | | | 10 | 56.62 ± 0.26 a |
| | | 12 | 75.05 ± 0.28 a | | | 12 | 58.57 ± 1.45 a |
| -40℃ | L1 | 6 | 53.07 ± 0.14 c | -20℃ | L1 | 6 | 42.01 ± 0.26 b |
| | | 8 | 57.32 ± 1.24 b | | | 8 | 42.34 ± 0.50 ab |
| | | 10 | 57.84 ± 0.33 b | | | 10 | 45.20 ± 0.37 a |
| | | 12 | 62.28 ± 0.24 a | | | 12 | 46.70 ± 0.41 a |
| | L36 | 6 | 60.25 ± 0.70 c | | L36 | 6 | 46.36 ± 1.38 b |
| | | 8 | 60.35 ± 0.97 c | | | 8 | 47.20 ± 1.82 b |
| | | 10 | 73.01 ± 2.05 b | | | 10 | 48.06 ± 0.40 b |
| | | 12 | 76.04 ± 1.40 a | | | 12 | 51.19 ± 1.28 a |
| | L59 | 6 | 57.42 ± 0.78 c | | L59 | 6 | 48.66 ± 0.86 b |
| | | 8 | 62.43 ± 0.30 b | | | 8 | 50.74 ± 0.90 ab |
| | | 10 | 59.42 ± 0.56 bc | | | 10 | 52.25 ± 1.62 a |
| | | 12 | 67.87 ± 0.17 a | | | 12 | 52.77 ± 0.94 a |
| | L90 | 6 | 58.66 ± 1.21 a | | L90 | 6 | 44.97 ± 0.65 c |
| | | 8 | 59.95 ± 0.88 a | | | 8 | 46.10 ± 0.33 c |
| | | 10 | 55.62 ± 0.43 b | | | 10 | 49.59 ± 0.71 b |
| | | 12 | 59.71 ± 1.52 a | | | 12 | 52.70 ± 1.26 a |
| 室温条件下 | L1 | – | 27.51 ± 6.76 | 室温条件下 | L59 | – | 29.49 ± 0.82 |
| | L36 | – | 29.00 ± 1.63 | | L90 | – | 34.31 ± 1.46 |

### 7.2.3　常温及低温胁迫下各无性系相对电导率方差分析

利用 $T$ 检验分析室温和处理条件下 58 个无性系相对电导率，结果表明差异达显著水平（$P < 0.05$），进一步对 58 个无性系间室温和低温胁迫后所测的相对电导率进行方差分析，其结果见表 7-3，在室温和处理下，无性系间的相对电导率均存在极显著的差异。从重复力来看，室温和处理条件下，无性系电导率重复力均较高，分别达到 0.95 和 0.98。

**表 7-3　方差分析**

| 电导率 | 变异来源 | SS | df | MS | F | R |
|---|---|---|---|---|---|---|
| 室温条件下 | 无性系 | 4561.84 | 57 | 80.03 | 19.53 ** | 0.95 |
| 低温胁迫下 | 无性系 | 13323.75 | 57 | 233.75 | 43.44 ** | 0.98 |

### 7.2.4　室温及处理条件下各无性系相对电导率均值

各无性系室温和 $-40℃$ 处理条件下的平均相对电导率见表 7-4，低温胁迫下各无性系相对电导率总体均值为 61.51%，为室温条件下（28.58%）的 2.15 倍；在室温和低温胁迫下，相对电导率最大的无性系均为 L55，其值分别为 37.89% 和 76.58%，比总体平均值分别高 32.58% 和 24.50%，比最小值 L40（16.79% 和 38.73%）分别高 125.67% 和 97.73%；不同无性系在低温胁迫下和室温的平均相对电导率差值大小变化也不同，其中无性系 L36 的差值最大（47.04%），为最小的无性系 L40（21.95%）的 2.14 倍。

**表 7-4　室温及低温胁迫下各无性系相对电导率均值**

| 无性系 | 室温条件下 | | 低温胁迫下 | | 差值 | |
|---|---|---|---|---|---|---|
| L1 | 27.51 ± 6.76 | mn | 62.28 ± 0.24 | no | 34.77 | ijk |
| L3 | 22.98 ± 0.11 | jkl | 54.12 ± 0.09 | mno | 31.14 | no |
| L5 | 20.83 ± 0.34 | r | 46.62 ± 0.37 | tu | 25.8 | u |
| L7 | 23.44 ± 0.45 | mn | 52.89 ± 1.18 | s | 29.45 | qr |
| L11 | 22.85 ± 0.11 | rs | 53.73 ± 0.02 | vw | 30.88 | op |
| L13 | 27.25 ± 0.09 | pq | 55.79 ± 0.19 | w | 28.54 | rs |
| L14 | 22.29 ± 0.44 | rs | 52.22 ± 0.35 | w | 29.93 | pq |
| L16 | 23.47 ± 0.15 | o | 50.69 ± 0.15 | q | 27.22 | t |
| L17 | 22.23 ± 0.10 | pq | 50.88 ± 0.14 | tu | 28.65 | rs |
| L19 | 25.75 ± 0.05 | r | 59.01 ± 0.07 | w | 33.26 | lm |
| L20 | 24.18 ± 0.57 | p | 53.91 ± 0.52 | vw | 29.73 | q |
| L21 | 22.7 ± 0.28 | fgh | 50.1 ± 0.53 | gh | 27.4 | t |

（续）

| 无性系 | 室温条件下 | | 低温胁迫下 | | 差值 | |
|---|---|---|---|---|---|---|
| L23 | 24.36 ± 0.14 | c | 51.78 ± 0.36 | c | 27.42 | t |
| L24 | 31.42 ± 0.74 | q | 66.54 ± 1.98 | w | 35.12 | i |
| L25 | 36.07 ± 1.14 | pq | 73.04 ± 2.69 | u | 36.97 | ef |
| L27 | 23.19 ± 0.32 | r | 50.46 ± 0.4 | t | 27.26 | t |
| L28 | 23.39 ± 0.83 | ab | 52.96 ± 1.96 | ab | 29.57 | qr |
| L30 | 37.40 ± 0.3 | q | 75.89 ± 0.68 | r | 38.49 | cd |
| L31 | 23.28 ± 0.08 | ij | 57.11 ± 0.48 | q | 33.83 | k |
| L32 | 29.28 ± 0.04 | fgh | 59.18 ± 0.08 | jkl | 29.9 | pq |
| L33 | 31.37 ± 0.16 | ij | 64.07 ± 0.07 | ab | 32.7 | lmn |
| L36 | 29.00 ± 1.63 | d | 76.04 ± 1.4 | e | 47.04 | a |
| L38 | 34.65 ± 0.07 | v | 70.13 ± 0.5 | y | 35.49 | h |
| L40 | 16.79 ± 1.11 | f | 38.73 ± 1.19 | hi | 21.95 | v |
| L42 | 31.82 ± 0.38 | mn | 66.04 ± 1.02 | qr | 34.22 | ijk |
| L44 | 27.51 ± 0.1 | fg | 58.37 ± 0.11 | d | 30.86 | op |
| L46 | 31.55 ± 0.58 | klm | 71.13 ± 0.79 | r | 39.58 | b |
| L48 | 27.89 ± 0.24 | lm | 57.46 ± 0.25 | qr | 29.57 | qr |
| L49 | 27.87 ± 0.07 | t | 58.19 ± 0.05 | x | 30.32 | opq |
| L50 | 37.06 ± 1.48 | ab | 74.83 ± 2.78 | c | 37.77 | e |
| L51 | 34.95 ± 0.50 | d | 69.74 ± 0.93 | e | 34.79 | ijk |
| L52 | 30.57 ± 1.52 | gh | 63.36 ± 2.77 | klm | 32.79 | lmn |
| L53 | 31.16 ± 0.54 | fgh | 63.23 ± 1.41 | lmn | 32.07 | n |
| L55 | 37.89 ± 1.14 | a | 76.58 ± 1.59 | a | 38.69 | bcd |
| L56 | 27.90 ± 0.05 | klm | 60.61 ± 0.08 | p | 32.72 | lmn |
| L58 | 36.04 ± 0.3 | c | 73.20 ± 0.92 | c | 37.16 | ef |
| L59 | 29.49 ± 0.82 | ij | 67.87 ± 0.17 | f | 38.37 | cd |
| L61 | 32.13 ± 1.24 | ef | 67.26 ± 2.11 | fg | 35.12 | i |
| L62 | 29.11 ± 2.20 | ij | 65.48 ± 2.29 | i | 36.37 | fgh |
| L63 | 18.82 ± 1.55 | u | 51.26 ± 0.62 | w | 32.44 | lmn |
| L64 | 28.89 ± 1.26 | jk | 63.97 ± 0.93 | jkl | 35.07 | ij |
| L65 | 32.93 ± 0.04 | e | 67.84 ± 0.66 | f | 34.91 | ij |
| L67 | 23.82 ± 0.85 | pq | 53.77 ± 2.8 | tu | 29.96 | pq |

（续）

| 无性系 | 室温条件下 | | 低温胁迫下 | | 差值 | |
|---|---|---|---|---|---|---|
| L71 | 26.79 ± 7.83 | pq | 61.92 ± 11.3 | v | 35.13 | i |
| L73 | 21.32 ± 0.16 | n | 46.45 ± 0.29 | o | 25.13 | u |
| L74 | 27.12 ± 9.69 | st | 64.96 ± 9.39 | x | 37.84 | d |
| L77 | 30.49 ± 0.07 | mn | 65.99 ± 0.09 | j | 35.5 | gh |
| L78 | 25.38 ± 0.3 | h | 53.21 ± 0.31 | hi | 27.83 | st |
| L79 | 31.68 ± 0.94 | o | 63.95 ± 1.57 | tu | 32.27 | mn |
| L87 | 27.8 ± 0.75 | f | 62.42 ± 3.42 | kl | 34.61 | ijk |
| L88 | 28.92 ± 0.58 | lm | 64.49 ± 0.88 | mno | 35.57 | gh |
| L90 | 34.31 ± 1.46 | ij | 59.71 ± 1.52 | jk | 25.39 | u |
| L91 | 29.9 ± 2.07 | d | 63.21 ± 2.86 | p | 33.31 | l |
| L92 | 31.68 ± 0.01 | i | 64.47 ± 0.06 | lmn | 32.79 | lmn |
| L96 | 37.69 ± 0.19 | f | 76.06 ± 0.83 | jk | 38.37 | cd |
| L97 | 36.58 ± 0.99 | a | 74.39 ± 1.46 | ab | 37.81 | e |
| L99 | 36.27 ± 1.02 | b | 75.35 ± 1.72 | c | 39.07 | bc |
| L101 | 28.64 ± 0.09 | c | 62.73 ± 0.52 | b | 34.1 | jk |
| 总体均值 | 28.58 ± 0.11 | | 61.51 ± 0.15 | | 32.93 | |

注：均值单位为%，下同。

### 7.2.5　聚类分析

以低温（-40℃、12h）和室温条件下各无性系相对电导率的差值为指标进行聚类分析，采用欧氏距离聚类法，在遗传距离为 8 时，58 个无性系被聚为 3 类（图 7-1）。第一类无性系为 L1、L3、L7 等 37 个无性系，第二类无性系为 L5、L16、L21 等 9 个无性系，第三类无性系为 L25、L30、L36 等 13 个无性系。三类无性系相对电导率差值的总体均值分别为 32.53%、26.16% 和 38.73%，低温（-40℃、12h）胁迫下三类无性系的相对电导率总体均值分别为 60.42%、49.75% 和 72.68%，室温条件下三类无性系的相对电导率总体均值分别为 27.89%、23.59% 和 33.95%。相比第一类和第三类无性系而言，第二类无性系在室温和 -40℃、12h 处理下的相对电导率均较低，表明其抵抗低温胁迫的能力较其他无性系强。

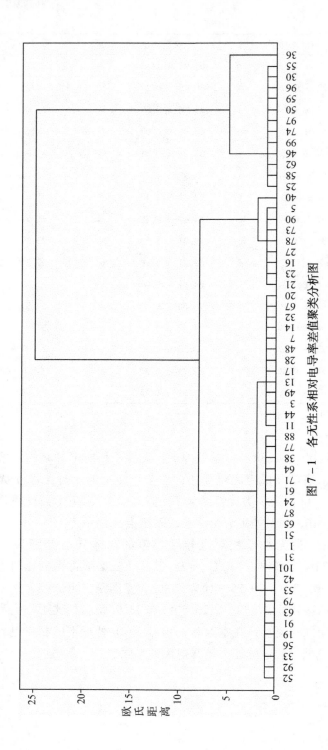

图 7 – 1 各无性系相对电导率差值聚类分析图

## 7.3　讨论

　　植物相对电导率的大小能反映其细胞膜受损的程度，可以作为抗寒性强弱的测定指标（高福元等，2010；Mancuso et al.，2015）。不同温度和时间处理下，各无性系间相对电导率存在极显著差异，且随着低温胁迫时间的延长或温度的降低，各无性系相对电导率均呈现逐渐增大趋势，表面细胞膜损伤加剧，这与乌凤章（2002）等对黑松（*Pinus thunbergii*）和龚月桦等（2006）对奥地利黑松（*Pinus nigra* var. *austriaca*）、北美黄杉（*Pseudotsuga menziesii* var. *glauca*）的研究结果类似。在 −30℃ 和 −40℃ 的低温胁迫下，虽然各无性系相对电导率总体仍是增大的趋势，但部分无性系（ −30℃ 下无性系 L36，−40℃ 下无性系 L59 和 L90）表现出在相对电导率增大的过程中出现小幅度减小的规律，表明其自身表现出了不同程度的自我修复能力，部分无性系相对电导率在增长过程中会出现先降低再增长的现象，这可能与细胞的自我修复能力以及这种能力不足以抵抗低温胁迫对细胞膜造成的损伤有关（Petrov et al.，2011），具体的生理代谢机制有待于今后的进一步研究。尤其在不同低温持续胁迫下，各无性系相对电导率随着温度降低逐渐增大，当温度降低到 −40℃，持续 10h 低温胁迫处理时，绝大部分无性系相对电导率出现降低趋势，再一次体现细胞膜的自我恢复能力，但当时间持续到 12h 时，相对电导率逐渐上升。在 −40℃、12h 处理下，各无性系的相对电导率变化范围在 59.71% ~ 76.04%，相比室温和其他处理而言，更接近半致死温度下的相对电导率（高扬等，2013），因此以 −40℃、12h 低温胁迫对 58 个无性系进行胁迫试验。

　　抗寒性较强的无性系，其细胞膜受损程度低，自我修复能力强，而抗寒性差的无性系，其细胞膜面对低温胁迫时，自我修复能力差，细胞膜破坏严重（Chapman et al.，1983）。本研究中利用相同低温胁迫（ −40℃，12h）条件处理不同无性系，结果低温胁迫下发现不同无性系之间相对电导率呈极显著差异水平，表明不同基因型具有不同的抗寒性，进一步表明对不同无性系进行评价选择具有重要意义。聚类分析是基于距离和样品间的相似度，将研究对象按多个方面的特征进行综合分类的一种统计方法（赵曦阳，2013）。本研究中根据各无性系在 −40℃、12h 处理和室温条件下相对电导率差值，运用欧氏距离聚类分析法，在欧氏距离为 8 时，将各无性系聚为三类，其中第二类无性系（L5、L16、L21、L23、L27、L40、L73、L78 和 L90）相对电导率差值较小，在 −40℃、12h 低温胁迫下的总体平均相对电导率为 49.75%，其抗寒性较强，可作为抗寒性育种中优良无性系的选择材料，尤其无性系L90，在室温条件下电导率较高，但处理后电导率上升较小，表现较强的预抗性及抗寒性(赵曦阳，2013)。

随着林木育种进程的推进以及不同育种目的的需求，林木抗寒性性状的选择仍具有重要的育种意义(Hadders et al.,1969)。本研究中对 58 个无性系进行持续低温胁迫处理和聚类分析，初步筛选出抗寒性较强的 9 个无性系(L5、L16、L21、L23、L27、L40、L73、L78 和 L90)，这对于长白落叶松抗寒性研究和优良无性系或家系综合评价选择具有重要意义，为今后长白落叶松抗逆性育种研究提供理论基础。

# 第 8 章

# 长白落叶松半同胞家系生长性状变异研究

　　林木种子园是为培育优良种子而营建的特种人工林，其种子产量和品质对于林木良种推广、造林等具有重要意义（Li et al.，2011 b）。我国长白落叶松种子园始建于 20 世纪 70 年代（张鑫鑫，2017），收集了大量优质种质资源，取得了一定成效，但由于种子园处于初级阶段，普遍存在遗传增益小，遗传不稳定和生产量低的问题（王昊，2013），急需制定新的育种目标。利用子代测定林进行优良家系和单株的评价选择，可对种子园现有林分进行疏伐和改良，建立 1.5 或 2 代种子园，提高遗传增益，因此进行种子园优良家系的评价选择尤为重要（蒙宽宏，2014）。目前对种子园内优良无性系和优良家系的选择研究有很多，但大多数研究仅通过某一年数据进行评价选择。由于林木生长受遗传和环境双重因素的影响（Yu Q，2003）且育种周期较长（郑勇奇 2001），通过某一特定时期对林木进行评价选择，具有时间局限性（陈彬，2018），可能造成优质种质资源的流失，降低现有资源的最大化利用。

　　本研究以长白落叶松种子园 60 个半同胞家系为材料，连续多年对其生长性状进行测定，分析比较其多年的遗传变异情况，并依据多年数据对其进行连年评价选择，筛选出优良家系，并在优良家系内进行优良单株的评价选择，研究方法可为针叶树的评价选择提供理论基础，研究结果可为高世代种子园营建提供材料。

## 8.1　材料和方法

### 8.1.1　试验地点与材料

　　试验地点位于吉林省四平市林木种子园，具体气候因子见第二章 2.1。试验材料为 60 个长白落叶松半同胞家系，主要包括来源于种子园亲本的 58

个半同胞家系及来源于四平种子库(L200)和吉林种子库(L300)的2个对照家系,各家系具体编号见表8-1。于2003年,收集种子园各亲本半同胞家系种子,进行采种,次年播种育苗。于2006年,挑选生长良好,长势一致的2年生苗木上山营建子代测定林,造林试验设计采用完全随机区组设计,每个区组60家系,共3个区组,8株小区,单行排列,株行距为1.5m×3m,每个家系每棵单株从0开始标记序号,总共1440棵单株,即各单株序号为0~1440。

表8-1　各家系编号

| 材料来源 | 各家系编号 |
| --- | --- |
| 58个半同胞家系 | L1、L3、L5、L7、L11、L13、L14、L16、L17、L19、L20、L21、L23、L24、L25、L27、L28、L30、L31、L32、L33、L36、L38、L40、L42、L44、L46、L48、L49、L50、L51、L52、L53、L55、L56、L58、L59、L61、L62、L63、L64、L65、L67、L71、L73、L74、L77、L78、L79、L87、L88、L90、L91、L92、L96、L97、L99、L101 |
| 2个对照家系 | L200、L300 |

### 8.1.2　数据调查与分析

分别于2008、2010、2012、2014和2016年秋季,每隔2年,待树木停止生长,对子代测定林中所有生长正常未受损单株的树高、地径或胸径进行测量,每个家系8株,同时记录各单株序号。

所有数据均利用SPSS(13.0)进行分析,方差分析、表型变异系数、相关分析、综合评价分析及遗传增益方法具体见第2章2.1。

各性状家系遗传力估算(Hansen and Roulund,1997)利用如下公式:

$$h^2 = \frac{\sigma_A^2}{\sigma_A^2 + \sigma_b^2 + \sigma_e^2} \tag{8-1}$$

式中:$h^2$为某一性状家系遗传力,$\sigma_A^2$为家系加性效应,$\sigma_b^2$为区组效应,$\sigma_e^2$为环境效应。

## 8.2　结果和分析

### 8.2.1　方差分析

对各家系不同年份树高、地径或胸径进行方差分析,其结果具体见表8-2。方差分析表明,不同家系、区组和家系×区组间,树高和地径或胸径差异达极显著水平($P<0.01$),即各家系树高、地径或胸径间存在很大差别,有利于选择。

表 8-2　不同年份各家系树高和地径或胸径的方差分析

| 年份 | 变异来源 | 树高 | | | 地径或胸径 | | |
|---|---|---|---|---|---|---|---|
| | | df | MS | F | df | MS | F |
| 2008 | 家系 | 59 | 2685.34 | 4.96 ** | 59 | 0.34 | 3.63 ** |
| | 区组 | 2 | 27128.31 | 50.12 ** | 2 | 3.97 | 42.08 ** |
| | 家系×区组 | 117 | 2010.50 | 3.71 ** | 117 | 0.29 | 3.12 ** |
| 2010 | 家系 | 59 | 4180.02 | 3.52 ** | 59 | 0.94 | 2.13 ** |
| | 区组 | 2 | 55137.38 | 46.42 ** | 2 | 14.90 | 33.84 ** |
| | 家系×区组 | 105 | 3442.79 | 2.90 ** | 105 | 0.88 | 1.99 ** |
| 2012 | 家系 | 59 | 6839.12 | 2.44 ** | 59 | 2.31 | 2.23 ** |
| | 区组 | 2 | 193806.28 | 69.27 ** | 2 | 32.50 | 31.79 ** |
| | 家系×区组 | 103 | 5624.5 | 2.01 ** | 103 | 1.98 | 1.93 ** |
| 2014 | 家系 | 59 | 11846.76 | 2.75 ** | 59 | 4.37 | 2.64 ** |
| | 区组 | 2 | 364609.92 | 84.68 ** | 2 | 133.86 | 80.93 ** |
| | 家系×区组 | 105 | 8133.5 | 1.89 ** | 105 | 2.50 | 1.51 ** |
| 2016 | 家系 | 59 | 2.07 | 3.17 ** | 59 | 9.45 | 1.95 ** |
| | 区组 | 2 | 55.63 | 85.14 ** | 2 | 81.57 | 16.86 ** |
| | 家系×区组 | 104 | 1.22 | 1.87 ** | 59 | 9.45 | 1.95 ** |

注：2008 和 2010 年为地径，2012、2014 和 2016 年为胸径。

## 8.2.2　均值分析

不同年份各家系树高、地径或胸径均值变化不同，具体见表 8-3。其中 2008 年，树高最大的为家系 L42，达 135.39cm，地径最大的为家系 L101，达 1.78cm；2010 年，树高和地径最大的均为家系 L63，分别为 229.57cm 和 4.23cm；2012 年，家系 L64 的树高和胸径最大，分别为 443.75cm 和 5.23cm；2014 年，树高最大的为家系 L48，达 540.25cm，其次为家系 L64（531.50cm），而胸径最大的家系为 L64 和 L13，达 6.60cm；2016 年，树高最大的为家系 L48，达 660.00cm，胸径最大的为家系 L38，达 10.70cm。不同年份各家系树高、地径或胸径的大小不同，表明其生长情况的差异不同，对于优良家系选择是有利的。

表 8-3　各家系不同年份树高、地径和胸径均值分析

| 家系 | 2008 年 | | 2010 年 | | 2012 年 | | 2014 年 | | 2016 年 | |
|---|---|---|---|---|---|---|---|---|---|---|
| | 树高 | 地径 | 树高 | 地径 | 树高 | 胸径 | 树高 | 胸径 | 树高 | 胸径 |
| L1 | 92.36 | 1.49 | 191.00 | 3.58 | 405.83 | 4.30 | 507.42 | 5.85 | 620.00 | 9.20 |
| L3 | 103.50 | 1.28 | 154.50 | 2.98 | 375.70 | 3.54 | 472.92 | 4.91 | 510.00 | 8.10 |
| L5 | 111.83 | 1.40 | 156.56 | 2.84 | 386.36 | 3.40 | 470.08 | 4.68 | 540.00 | 8.50 |

（续）

| 家系 | 2008 年 | | 2010 年 | | 2012 年 | | 2014 年 | | 2016 年 | |
|------|------|------|------|------|------|------|------|------|------|------|
| | 树高 | 地径 | 树高 | 地径 | 树高 | 胸径 | 树高 | 胸径 | 树高 | 胸径 |
| L7 | 102.33 | 1.44 | 170.27 | 2.97 | 365.00 | 3.22 | 451.54 | 5.05 | 550.00 | 7.80 |
| L11 | 110.50 | 1.46 | 155.00 | 2.69 | 382.73 | 3.39 | 433.36 | 4.09 | 560.00 | 8.30 |
| L13 | 116.74 | 1.58 | 180.50 | 3.05 | 431.67 | 4.90 | 522.33 | 6.60 | 520.00 | 9.60 |
| L14 | 131.38 | 1.76 | 205.40 | 3.50 | 416.25 | 4.58 | 507.00 | 6.03 | 630.00 | 10.00 |
| L16 | 91.17 | 1.46 | 159.57 | 3.11 | 367.14 | 3.24 | 464.67 | 4.92 | 600.00 | 8.40 |
| L17 | 85.88 | 1.22 | 158.67 | 2.60 | 345.38 | 3.18 | 428.87 | 4.51 | 560.00 | 8.50 |
| L19 | 130.95 | 1.66 | 221.78 | 3.89 | 397.00 | 4.37 | 468.15 | 5.51 | 580.00 | 9.00 |
| L20 | 83.29 | 1.26 | 155.40 | 3.04 | 331.43 | 3.03 | 444.25 | 4.61 | 480.00 | 8.10 |
| L21 | 116.88 | 1.62 | 173.22 | 3.13 | 415.00 | 4.22 | 483.33 | 5.05 | 620.00 | 9.40 |
| L23 | 108.18 | 1.56 | 185.00 | 3.00 | 409.00 | 4.03 | 463.92 | 4.86 | 540.00 | 8.90 |
| L24 | 85.27 | 1.27 | 183.00 | 3.37 | 408.00 | 4.09 | 491.20 | 5.30 | 570.00 | 9.30 |
| L25 | 99.88 | 1.44 | 145.60 | 2.90 | 368.00 | 3.72 | 420.13 | 4.15 | 490.00 | 7.90 |
| L27 | 94.61 | 1.46 | 177.50 | 2.93 | 384.62 | 3.76 | 482.50 | 5.39 | 630.00 | 9.10 |
| L28 | 102.63 | 1.50 | 143.50 | 2.65 | 376.67 | 3.53 | 420.60 | 3.72 | 540.00 | 8.00 |
| L30 | 92.39 | 1.38 | 176.80 | 3.74 | 388.80 | 4.18 | 506.67 | 5.33 | 640.00 | 10.00 |
| L31 | 123.90 | 1.73 | 159.36 | 3.12 | 356.15 | 3.79 | 471.42 | 5.51 | 590.00 | 9.60 |
| L32 | 93.58 | 1.38 | 132.50 | 2.23 | 320.00 | 2.66 | 377.60 | 3.54 | 510.00 | 7.90 |
| L33 | 101.00 | 1.53 | 152.00 | 3.00 | 366.00 | 3.49 | 430.20 | 4.30 | 550.00 | 8.10 |
| L36 | 90.90 | 1.45 | 166.50 | 2.78 | 372.22 | 3.73 | 469.78 | 4.70 | 590.00 | 9.30 |
| L38 | 105.50 | 1.48 | 165.67 | 3.26 | 382.22 | 4.29 | 463.90 | 5.56 | 600.00 | 10.70 |
| L40 | 110.29 | 1.57 | 179.17 | 3.28 | 393.33 | 3.92 | 477.85 | 5.60 | 550.00 | 8.90 |
| L42 | 135.39 | 1.71 | 179.50 | 2.77 | 346.67 | 3.29 | 442.00 | 4.84 | 570.00 | 8.00 |
| L44 | 108.50 | 1.33 | 145.60 | 2.58 | 312.22 | 2.79 | 384.33 | 3.88 | 550.00 | 7.90 |
| L46 | 89.47 | 1.41 | 128.17 | 2.59 | 331.25 | 2.81 | 381.80 | 3.61 | 530.00 | 7.40 |
| L48 | 125.00 | 1.69 | 188.38 | 3.40 | 425.00 | 4.31 | 540.25 | 5.76 | 660.00 | 9.80 |
| L49 | 94.29 | 1.35 | 169.77 | 2.82 | 411.05 | 4.11 | 488.89 | 5.11 | 600.00 | 9.20 |
| L50 | 88.58 | 1.33 | 219.33 | 3.73 | 405.00 | 4.08 | 383.33 | 3.70 | 520.00 | 7.70 |
| L51 | 91.13 | 1.38 | 154.27 | 3.05 | 387.69 | 3.93 | 473.67 | 4.88 | 580.00 | 9.10 |
| L52 | 82.50 | 1.29 | 116.22 | 2.40 | 308.89 | 2.58 | 374.20 | 3.40 | 530.00 | 8.10 |
| L53 | 112.44 | 1.64 | 143.83 | 2.68 | 398.75 | 4.21 | 470.57 | 5.46 | 590.00 | 9.80 |

（续）

| 家系 | 2008 年 | | 2010 年 | | 2012 年 | | 2014 年 | | 2016 年 | |
|---|---|---|---|---|---|---|---|---|---|---|
| | 树高 | 地径 | 树高 | 地径 | 树高 | 胸径 | 树高 | 胸径 | 树高 | 胸径 |
| L55 | 109.06 | 1.62 | 160.20 | 2.87 | 340.00 | 3.28 | 427.08 | 4.27 | 480.00 | 7.80 |
| L56 | 93.24 | 1.34 | 126.00 | 2.30 | 336.00 | 2.86 | 370.50 | 3.05 | 460.00 | 6.60 |
| L58 | 110.00 | 1.64 | 195.38 | 3.65 | 397.00 | 4.51 | 500.10 | 5.70 | 650.00 | 9.90 |
| L59 | 96.00 | 1.42 | 139.71 | 2.67 | 375.56 | 3.10 | 428.13 | 4.28 | 520.00 | 7.50 |
| L61 | 104.44 | 1.30 | 182.00 | 2.88 | 352.86 | 3.33 | 491.86 | 5.30 | 610.00 | 9.70 |
| L62 | 108.60 | 1.43 | 177.57 | 3.37 | 375.71 | 3.79 | 481.57 | 5.13 | 560.00 | 7.40 |
| L63 | 113.42 | 1.75 | 229.57 | 4.23 | 423.00 | 4.85 | 503.75 | 6.26 | 600.00 | 10.10 |
| L64 | 109.33 | 1.55 | 227.17 | 3.55 | 443.75 | 5.23 | 531.50 | 6.60 | 600.00 | 10.60 |
| L65 | 113.29 | 1.66 | 136.71 | 2.59 | 362.22 | 3.08 | 468.25 | 4.54 | 570.00 | 7.50 |
| L67 | 103.41 | 1.52 | 193.43 | 3.59 | 380.00 | 3.71 | 452.00 | 4.47 | 570.00 | 8.90 |
| L71 | 135.28 | 1.71 | 200.91 | 3.34 | 425.83 | 4.39 | 477.60 | 4.80 | 600.00 | 8.50 |
| L73 | 90.56 | 1.27 | 165.73 | 2.85 | 358.18 | 3.53 | 463.00 | 5.08 | 560.00 | 8.00 |
| L74 | 107.36 | 1.73 | 185.60 | 3.48 | 375.00 | 3.33 | 485.71 | 4.80 | 600.00 | 10.20 |
| L77 | 103.87 | 1.53 | 156.63 | 3.13 | 345.00 | 3.24 | 428.00 | 4.13 | 500.00 | 8.50 |
| L78 | 98.45 | 1.57 | 220.20 | 4.06 | 435.00 | 5.13 | 517.75 | 6.21 | 600.00 | 9.90 |
| L79 | 110.00 | 1.60 | 181.60 | 3.39 | 377.78 | 3.59 | 440.50 | 4.54 | 540.00 | 8.80 |
| L87 | 118.08 | 1.50 | 206.57 | 3.79 | 413.33 | 4.47 | 505.89 | 5.62 | 590.00 | 9.10 |
| L88 | 82.30 | 1.18 | 138.29 | 2.61 | 372.00 | 3.84 | 468.43 | 4.90 | 520.00 | 8.50 |
| L90 | 105.67 | 1.58 | 172.88 | 3.19 | 374.00 | 3.62 | 442.50 | 4.79 | 570.00 | 8.60 |
| L91 | 107.18 | 1.41 | 169.86 | 2.91 | 403.85 | 3.96 | 496.62 | 5.28 | 580.00 | 8.20 |
| L92 | 118.44 | 1.76 | 181.27 | 3.41 | 396.67 | 3.88 | 486.11 | 5.52 | 590.00 | 9.40 |
| L96 | 81.73 | 1.35 | 121.14 | 2.46 | 357.14 | 3.34 | 415.75 | 4.16 | 500.00 | 7.70 |
| L97 | 103.69 | 1.48 | 164.89 | 2.81 | 371.54 | 3.35 | 436.50 | 4.54 | 560.00 | 8.80 |
| L99 | 107.18 | 1.56 | 185.33 | 3.65 | 381.25 | 3.65 | 453.00 | 4.90 | 550.00 | 8.50 |
| L101 | 131.26 | 1.78 | 218.27 | 3.55 | 415.00 | 4.43 | 496.89 | 6.07 | 640.00 | 10.30 |
| L200 | 116.55 | 1.72 | 217.92 | 3.72 | 434.17 | 4.62 | 499.88 | 5.70 | 500.00 | 7.00 |
| L300 | 84.43 | 1.36 | 132.50 | 2.88 | 333.57 | 2.72 | 379.08 | 3.48 | 650.00 | 9.50 |

注：L200 和 L300 对照家系，树高、胸径和地径的单位均为 cm，下同。

### 8.2.3 遗传变异系数分析

不同年份树高和地径(或胸径)的遗传变异分析具体见表8-4。2008—2016年,各家系树高平均值变化范围为105.58～568.00cm,地径的平均值变化范围为1.51～3.10cm,胸径的平均值变化范围为3.76～8.70cm;各家系树高表型变异系数变化范围为17.83%～29.32%,地径表型变异系数变化范围为25.61%～27.35%,胸径表型变异系数变化范围为27.26%～33.01%。2008—2016年,各家系树高的表型变异系数呈现先减小后增大再减小的变化趋势,而地径的表型变异系数随着年份的增长表现稍微增大的趋势,胸径的表型变异系数则表现出缓慢减小的变化趋势。另外,不同年份各家系树高、地径和胸径的遗传力变化范围为0.487～0.798,均具较高遗传力,属于中高等遗传力水平。

**表8-4 不同年份树高、地径和胸径遗传变异系数分析**

| 年份 | 性状 | 变化范围 | $\overline{X} \pm SD$ | 表型变异系数 | 遗传力 |
|------|------|----------|------------|------------|--------|
| 2008 | 树高 | 81.73～135.39 | 105.58±30.96 | 29.32 | 0.798 |
|      | 地径 | 1.18～1.78 | 1.51±0.39 | 25.61 | 0.725 |
| 2010 | 树高 | 116.22～229.57 | 171.35±49.72 | 29.06 | 0.716 |
|      | 地径 | 2.23～4.23 | 3.10±0.85 | 27.35 | 0.531 |
| 2012 | 树高 | 312.22～443.75 | 381.39±67.99 | 17.83 | 0.590 |
|      | 胸径 | 2.58～5.23 | 3.76±1.24 | 33.01 | 0.552 |
| 2014 | 树高 | 370.50～540.25 | 461.49±85.25 | 18.47 | 0.636 |
|      | 胸径 | 3.05～6.60 | 4.94±1.62 | 32.88 | 0.621 |
| 2016 | 树高 | 2.60～8.40 | 568.00±102.00 | 17.91 | 0.685 |
|      | 胸径 | 3.18～14.81 | 8.70±2.37 | 27.26 | 0.487 |

注:SD 为标准差,变化范围和平均值($\overline{X}$)单位均为 cm,表型变异系数单位为%。

### 8.2.4 年—年相关分析

不同年份树高、地径或胸径之间的年年相关具体见表8-5。相关分析显示同一年份树高和胸径或地径,不同年份树高和树高,以及地径或胸径和胸径或地径之间的相关系数变化范围为0.271～0.928,均达极显著水平,具有极显著的正相关。同一年份中,树高和地径或胸径的相关系数变化范围为0.754～0.928;不同年份树高和树高间的相关系数变化范围为0.308～0.796,地径或胸径和胸径或地径之间的相关系数变化范围为0.368～0.846。

表 8-5　不同年份不同性状间的相关分析

| 年份 | 性状 | 2008 | | 2010 | | 2012 | | 2014 | | 2016 |
|---|---|---|---|---|---|---|---|---|---|---|
| | | 树高 | 地径 | 树高 | 地径 | 树高 | 胸径 | 树高 | 胸径 | 树高 |
| 2008 | 地径 | 0.822 ** | | | | | | | | |
| 2010 | 树高 | 0.519 ** | 0.524 ** | | | | | | | |
| | 地径 | 0.381 ** | 0.499 ** | 0.884 ** | | | | | | |
| 2012 | 树高 | 0.442 ** | 0.474 ** | 0.763 ** | 0.683 ** | | | | | |
| | 胸径 | 0.436 ** | 0.468 ** | 0.795 ** | 0.742 ** | 0.924 ** | | | | |
| 2014 | 树高 | 0.437 ** | 0.426 ** | 0.664 ** | 0.616 ** | 0.796 ** | 0.802 ** | | | |
| | 胸径 | 0.470 ** | 0.472 ** | 0.719 ** | 0.655 ** | 0.764 ** | 0.846 ** | 0.928 ** | | |
| 2016 | 树高 | 0.308 ** | 0.363 ** | 0.439 ** | 0.441 ** | 0.431 ** | 0.440 ** | 0.573 ** | 0.536 ** | |
| | 胸径 | 0.271 ** | 0.368 ** | 0.494 ** | 0.514 ** | 0.503 ** | 0.606 ** | 0.632 ** | 0.674 ** | 0.754 ** |

## 8.2.5　各年份不同入选率下各家系 $Q_i$ 值分析

以树高和地径或胸径为评价指标，利用布雷金综合评价法，求出不同年份各家系 $Q_i$ 值，并分别以 80%、60%、40%、20% 和 10% 的入选率进行选择，其结果具体见表 8-6。随着入选率的降低，不同年份入选家系各不相同，其中除家系 L38 外，家系 L30、L101、L48、L58 和 L64 在 5 年中均一直表现优秀，入选为优良家系。家系 L38 仅在 2014 年未入选，但其 $Q_i$ 值仍排在较前面，在其他年份均表现优良，并在 2016 年最终入选为优良家系，表明其具有较大的生长潜力。

表 8-6　各年份不同入选率下各家系 $Q_i$ 值分析

| 2008 年 | | 2010 年 | | 2012 年 | | 2014 年 | | 2016 年 | |
|---|---|---|---|---|---|---|---|---|---|
| 家系 | $Q_i$ | 家系 | $Q_i$ | 家系 | $Q_i$ | 家系 | $Q_i$ | 家系 | $Q_i$ |
| L101 | 1.403 | L63 | 1.414 | L64 | 1.414 | L64 | 1.408 | L101 | 1.393 |
| L42 | 1.400 | L78 | 1.385 | L78 | 1.400 | L13 | 1.402 | L48 | 1.383 |
| L71 | 1.400 | L19 | 1.373 | L13 | 1.382 | L78 | 1.378 | L58 | 1.382 |
| L14 | 1.400 | L50 | 1.355 | L63 | 1.371 | L63 | 1.371 | L38 | 1.381 |
| L19 | 1.378 | L64 | 1.352 | L200 | 1.364 | L48 | 1.368 | L64 | 1.381 |
| L31 | 1.374 | L200 | 1.352 | L14 | 1.347 | L14 | 1.361 | L30 | 1.379 |
| L48 | 1.368 | L87 | 1.340 | L71 | 1.341 | L101 | 1.356 | | |
| L92 | 1.365 | L101 | 1.338 | L87 | 1.336 | L1 | 1.351 | | |
| L200 | 1.352 | L14 | 1.312 | L101 | 1.335 | L58 | 1.338 | | |
| L63 | 1.349 | L58 | 1.309 | L48 | 1.335 | L200 | 1.338 | | |
| L21 | 1.332 | L67 | 1.300 | L58 | 1.326 | L87 | 1.337 | | |
| L65 | 1.330 | L1 | 1.296 | L21 | 1.320 | L30 | 1.321 | | |

（续）

| 2008 年 | | 2010 年 | | 2012 年 | | 2014 年 | | 2016 年 | |
|---|---|---|---|---|---|---|---|---|---|
| 家系 | $Q_i$ | 家系 | $Q_i$ | 家系 | $Q_i$ | 家系 | $Q_i$ | 家系 | $Q_i$ |
| L74 | 1.328 | L99 | 1.292 | L1 | 1.318 | | | | |
| L53 | 1.324 | L71 | 1.290 | L19 | 1.315 | | | | |
| L13 | 1.323 | L30 | 1.286 | L49 | 1.308 | | | | |
| L58 | 1.317 | L74 | 1.277 | L53 | 1.305 | | | | |
| L55 | 1.310 | L48 | 1.275 | L24 | 1.304 | | | | |
| L87 | 1.310 | L92 | 1.263 | L50 | 1.301 | | | | |
| L79 | 1.308 | L24 | 1.262 | L23 | 1.301 | | | | |
| L40 | 1.303 | L79 | 1.262 | L38 | 1.297 | | | | |
| L64 | 1.295 | L62 | 1.253 | L30 | 1.294 | | | | |
| L23 | 1.294 | L40 | 1.247 | L91 | 1.291 | | | | |
| L90 | 1.292 | L23 | 1.231 | L40 | 1.279 | | | | |
| L99 | 1.292 | L13 | 1.228 | L92 | 1.279 | | | | |
| L11 | 1.279 | L90 | 1.228 | | | | | | |
| L77 | 1.275 | L21 | 1.222 | | | | | | |
| L67 | 1.272 | L38 | 1.222 | | | | | | |
| L5 | 1.270 | L61 | 1.214 | | | | | | |
| L38 | 1.269 | L27 | 1.211 | | | | | | |
| L78 | 1.269 | L7 | 1.202 | | | | | | |
| L33 | 1.267 | L42 | 1.199 | | | | | | |
| L62 | 1.267 | L31 | 1.197 | | | | | | |
| L28 | 1.265 | L16 | 1.196 | | | | | | |
| L97 | 1.264 | L91 | 1.195 | | | | | | |
| L91 | 1.258 | L77 | 1.193 | | | | | | |
| L7 | 1.251 | L49 | 1.186 | | | | | | |
| L44 | 1.244 | | | | | | | | |
| L25 | 1.244 | | | | | | | | |
| L1 | 1.233 | | | | | | | | |
| L27 | 1.232 | | | | | | | | |
| L59 | 1.228 | | | | | | | | |
| L61 | 1.225 | | | | | | | | |
| L16 | 1.222 | | | | | | | | |
| L36 | 1.219 | | | | | | | | |
| L3 | 1.218 | | | | | | | | |
| L32 | 1.211 | | | | | | | | |
| L30 | 1.207 | | | | | | | | |
| L49 | 1.206 | | | | | | | | |

注：2008—2016 年各年入选率分别为 80%、60%、40%、20% 和 10%。

## 8.2.6 优良家系和单株选择

根据不同年份不同入选率，各家系 $Q_i$ 值的分析，于 2016 年，以 10% 的入选率进行选择，最终选择 6 个家系为优良家系（表 8-7），分别为：L30、L38、L48、L58、L64、L101，其树高和胸径遗传增益分别为 7.13% 和 8.40%。优良单株的选择以从入选的优良家系中，将入选家系的所有单株按 $Q_i$ 值进行从大到小地排序的原则进行选择，并以 37.5% 的选择率进行选择，最终选出优良单株 18 个，分别为 L64（104）、L58（125）、L38（39）、L101（584）、L30（41）、L58（127）、L101（81）、L101（15）、L48（517）、L101（581）、L58（163）、L64（187）、L48（33）、L48（35）、L48（64）、L58（1428）、L38（1196）和 L38（59），各入选的优良单株树高和胸径的遗传增益分别为 16.95% 和 19.64%。入选的优良家系和优良单株可为高世代种子园的建立提供材料，并为优良家系和优良单株的选择、评价提供理论基础。

表 8-7   入选优良家系的各优良单株序号和 $Q_i$ 值

| 家系号 | 序号 | 树高(m) | 胸径(cm) | $Q_i$ |
|---|---|---|---|---|
| L64 | 104 | 8.1 | 13.9 | 1.737 |
| L58 | 125 | 7.4 | 14.5 | 1.721 |
| L38 | 39 | 7.0 | 14.6 | 1.705 |
| L101 | 584 | 8.3 | 12.6 | 1.705 |
| L30 | 41 | 7.5 | 13.3 | 1.687 |
| L58 | 127 | 8.0 | 12.0 | 1.671 |
| L101 | 81 | 7.9 | 12.1 | 1.668 |
| L101 | 15 | 6.4 | 13.0 | 1.618 |
| L48 | 517 | 6.3 | 12.7 | 1.604 |
| L101 | 581 | 7.8 | 10.3 | 1.598 |
| L58 | 163 | 7.3 | 10.5 | 1.579 |
| L64 | 187 | 5.8 | 12.7 | 1.576 |
| L48 | 33 | 7.1 | 10.7 | 1.576 |
| L48 | 35 | 6.9 | 10.9 | 1.571 |
| L48 | 64 | 6.8 | 11.1 | 1.570 |
| L58 | 1428 | 6.5 | 11.5 | 1.569 |
| L38 | 1196 | 6.3 | 11.7 | 1.567 |
| L38 | 59 | 6.2 | 11.8 | 1.564 |

# 8.3   讨论

了解各群体、家系或无性系间的遗传变异，对于林木育种研究中高效利用和改良遗传资源具有重要作用（Safavi et al.，2010），而方差分析是估算遗传群体间差异的重要方法（Zhao et al.，2013）。本研究中不同年份各家系的树高、地径或胸径的方差分析表明，在不同家系间均存在极显著的差异（$P <$ 0.01），这与 Takaaki（2006）对杂交落叶松不同年份的木材密度和产量的研究结果类似，均存在显著差异，即各家系不同年份的树高、地径或胸径间存在较为丰富的遗传变异，有利于优良家系的选择。

表型变异系数是反映所对应群体表型遗传变异的丰富程度，变异系数越大，又有利于优良表型材料的选择（Bogdan et al.，2004）。本研究中不同年份各家系树高、地径和胸径的表型变异系数均较大（17.83% ~ 33.01%），即遗传变异较丰富，且随着年份的增长和树木生长，树高的表型变异系数呈现先减小后增大再减小的变化趋势，与张振（2016）对红松、张谦（2013）对马尾松（Pinus massoniana）生长性状的多年表型变异系数研究结果不同，这可能是由于各家系苗木上山造林时，早期还未适应当地环境，受到环境因素的影响较小，导致其生长差异变化较小，树高和地径的表型变异系数均呈现减小的趋势；当随着年份的增长，各家系苗木受遗传因素的影响加大，生长差异逐渐加剧，表型变异系数增大；而在2016年时出现缓慢的减小，或许是由于部分环境因素和保存率下降等的影响造成（Kumar and Lee，2002）。不同年份各性状表型变异系数虽变化不同，但均在17.83%以上，存在较为宽广的遗传多样性，另外各年份树高、地径和胸径的遗传力均属于中高等遗传力水平（0.487 ~ 0.798），能够稳定地遗传给后代，而受环境因素的影响较小，具有较大的遗传改良基础和潜力，即有利于选择。

由于林木的生长受环境和基因，以及环境×基因等复杂因素的共同影响（Bian et al.，2014），导致仅仅只通过在某个生长年龄进行选择是不够准确和可信的。对于林木生产来说，当树木达到轮伐期时，此时才是最佳选择年龄阶段（Bruno et al.，2014）。但是，由于林木生长周期长，要等到轮伐期再进行选择时，将会提高选择评价成本，费时费力，因此，经过连续多年的子代测定和选择，确定早期最佳选择时间，这对于提高选择的准确性更为重要（Mc Keand，1988）。目前已有不少关于不同树木种类早期选择的研究（Leksono et al.，2006；Weng et al.，2007），并且有些研究表明在基因型和生长年龄间存在一定的联系，通过连续多年的遗传变异分析，对其早期最佳年龄进行确定，将有助于提高育种选择的效率（Rigão et al.，2009；Massaro et al.，2010）。本研究中通过布雷金综合评价法，随着入选率降低，不同年份入选优良家系不同，且在2016年入选的各家系，在不同年份均表现优良，即在2016年进行选择时较为合适。相关系数是表明不同性状间相互关系程度的参数，对于早期遗传选择也具有重要意义（Lee et al.,2002）。本研究中不同年份不同性状间均存在极显著的正相关，这与 Hong（2015）对欧洲赤松（*Pinus sylvestris*）、Zeng（2013）对马尾松和孙晓梅（2004）对落叶松的研究结果类似，均表明不同年份树高、胸径和地径间存在较强的联系，这样有利于通过早期表型性状对晚期生长好坏的判断，从而提高选择效率。

因此，最终在 2016 年，以 10% 的入选率，对各家系进行综合评价选择，家系 L30、L38、L48、L58、L64 和 L101 入选为优良家系，其树高和胸径遗传增益分别为 7.13% 和 8.40%，并且在这些入选的优良家系中，选出 18 个优良单株，其树高和胸径的遗传增益分别为 16.95% 和 19.64%，入选的优良家系和单株均表现出一定的遗传改良效果，可作为高世代种子园建园亲本选择，以及优良育种选择的材料，并为今后长白落叶松优良家系或无性系的选择，及其育种研究提供理论基础。

# 参考文献

Acheré V, Rampant P F, Paques L E, et al. 2004. Chloroplast and mitochondrial molecular tests identify European × Japanese larch hybrids. Theor. Appl. Genet. , 108(8): 1643 – 1649.

Arcade A, Anselin F, Rampant P F, et al. 2000. Application of AFLP, RAPD and ISSR markers to genetic mapping of European and Japanese larch. Theor. Appl. Genet. , 100(2): 299 – 307.

Baucher M, Halpin C, Petitconil M, et al. 2003. Lignin: genetic engineering and impact on pulping. Crc Critical Reviews in Biochemistry, 38(4): 305 – 350.

Bian L M, Shi J S, Zheng R H, et al. 2014. Genetic parameters and genotype – environment interactions of Chinese fir (*Cunninghamia lanceolata*) in Fujian province. Canadian Journal of Forest Research, 44(6): 582 – 592.

Bogdan S, Katicic – Trupcevic I, Kajba D. 2004. Genetic variation in growth traits in a Quercus robur L. open – pollinated progeny test of the Slavonian provenance. Silvae Genetica, 5 – 6: 198 – 201.

Botstein D, White R L, Skolnck M, et al. 1980. Construction of a genetic linkage map in man using restriction foagment length polymorphisms. Am J Hum Genet. 21(3): 314 – 318.

Bruno E, Rinaldo C, Dilermando P, et al. 2014. Early selection in open – pollinated *eucalyptus* families based on competition covariates. Pesquisa Agropecuária Brasileira, 6: 483 – 492.

Chapman D, Felice J, Barber J. 1983. Growth temperature effects on thylakoid membrane lipid and protein content of pea chloroplasts. Plant Physiol, 72: 225 – 228.

Chen K, Peng Y H, Wang Y H, et al. 2007. Genetic relationships among poplar species in section *Tacamahaca* (*Populus* L.) from western Sichuan, China. Plant Science. 172: 196 – 203.

David P, Lisa M M, Craig E, et al. 2005. Nucleotide variation in genes invloved in wood formation in two pine species. New Phytologist, 167(1): 10 – 12.

Dillen S Y, Storme V, Marron N, et al. 2009. Genomic regions involved in productivity of two interspecific poplar families in Europe. 1. Stem height, circumference and volume. Tree Genetics & Genomes. 5: 147 – 164.

Dillon S K, Nolan M, Li W, et al. 2010. Allelic variation in cell wall candidate genes affecting solid wood properties in natural populations and land races of *Pinus radiata*. Genetics, 185, 1477 – 1487.

Driessche R. 2011. Prediction of cold hardiness in douglas fir seedlings by index of injury and conductivity methods. Canadian Journal of Forest Research, 6(4): 511 – 515.

Feng Y, Wang W, Zhu H. 1996. Comparative study on drought resistance of *Larix olgensis* Henry and *Pinus sylvestris* var. mongolica. Journal of Forestry Research, 7(2): 1 – 5.

Fukatsu E, Hiraoka Y, Matsunaga K, et al. 2015. Genetic relationship between wood properties and growth traits in *Larix kaempferi* obtained from a diallel mating test. Journal of Wood Science, 61(1): 10 – 18.

Funda T, M Lstibůrek, Lachout P, et al. 2009. Optimization of combined genetic gain and diversity for collection and deployment of seed orchard crops. Tree Genetics & Genomes, 5(4): 583 – 593.

Gaudet M, Jorge V, Paolucci I, et al. 2008. Genetic linkage maps of *Populus nigra* L, including AFLPs, SSRs, SNPs, and sex trait. Tree Genetics & Genomes. 4: 25 – 36.

George M F, Burke M J. 1986. Low Temperature: Physical aspects of freezing in woody plant xylem stress physiology and forest productivity. Springer Netherlands, 21: 133 – 150.

González M, Wheeler N, Ersoz E, et al. 2007. Association genetics in *Pinus taeda* L. I. wood property traits. Genetics, 175(1): 399 – 409.

Graf G, Rosenberg R. 1997. Bioresuspension and biodeposition: a review. Journal of Marine Systems, 11(3 – 4): 269 – 278.

Hadders G. 1969. Forest tree breeding in Japan. Journal of the Japanese Technical Association of the Pulp &Paper Industry, 35: 138 – 144.

Hai P H, Jansson G, Harwood C, et al. 2008. Genetic variation in growth, stem straightness and branch thickness in clonal trials of *Acacia auriculiformis* at three contrasting sites in Vietnam. Forest Ecology & Management, 255(1): 156 – 167.

Hallingback H R and Jansson G. 2013. Genetic information from progeny trials: a comparison between progenies generated by open pollination and by controlled crosses. Tree Genetics & Genomes, 9(3): 731 – 740.

Hansen J, Roulund H. 1997. Genetic parameters for spiral grain, stem form, pilodyn and growth in 13 years old clones of Sitka Spruce (*Picea sitchensis* (Bong.) Carr.). Silvae Genetica, 46: 107 – 113.

Harrison J, Nicot C, Ougham H. 1998. The effect of low temperature on patterns of cell division in developing second leaves of wild – type and slender, mutant barley (*Hordeum vulgare* L.). Plant Cell & Environment, 21(1): 79 – 86.

Hong Z, Fries A, Wu H X. 2015. Age trend of heritability, genetic correlation, and efficiency of early selection for wood quality traits in Scots pine. Canadian Journal of Forest Research, 45: 817 – 825.

Ingvarsson P K. 2005. Nucleotide polymorphism and linkage disequilibrium within and among natural populations of European aspen (*Populus tremula* L., *Salicaceae*). Genetics, 169(2): 945 – 953.

Krutovsky K V, Neale D B. 2005. Nucleotide diversity and linkage disequilibrium in cold – hardiness and wood quality – related candidate genes in Douglas fir. Genetics, 171 (4): 2029 – 2041.

Kumar S, Lee J. 2002. Age – age correlation and early selection for end of rotation wood density in radiata pine. Forest Genetics, 9(4): 323 – 330.

Lander E S. 1996. The new genomics: goblal views of biology. Science, 274(5287): 536 – 9.

Lee S J, Woolliams J, Samuel C, et al. 2002. A study of population variation and inheritance in Sitka spruce. Part III. Age trends in genetic parameters and optimum selection ages for wood density, and genetic correlations with vigour traits. Silvae Genetica, 51: 143 – 151.

Leksono B, Kurinobu S, Ide Y. 2006. Optimum age for selection base on a time trend of genetic parameters related to diameter growth in seedling seed orchards of *Eucalyptus pellita* in Indonesia. Journal of Forest Research, 11: 359 – 363.

Lewis N G, Yamamoto E. 1990. Lignin occurrence, biogenesis and biodegrdation. Annu. Rev. Plant Physiol. And Plant Mol. Biol. , 41: 455 – 496.

Li G L, Liu Y, Zhu Y, et al. 2011. Influence of initial age and size on the field performance of *Larix olgensis* seedlings. New Forests, 42(2): 215 – 226.

Li W, Wang X, Li Y. 2011(b). Stability in and correlation between factors influencing genetic quality of seed lots in seed orchard of *Pinus tabuliformis* Carr. over a 12 – year span. Plos One, 6(8): e23544.

Lindgren D, Cui J, Son S G, et al. 2004. Balancing seed yield and breeding value in clonal seed orchards. New Forests, 28(1): 11 – 22.

Lyons J M, Raison J K. 1983. Growth temperature effects on shylskoid membrane lipid and protein content of pea chloroplasts. Plant Physiol, 72: 225 – 228.

Mancuso S, Nicese F P, Masi E, et al. 2015. Comparing fractal analysis, electrical impedance and electrolyte leakage for the assessment of cold tolerance in *Callistemon* and *Grevillea* spp. . Journal of Horticultural Science & Biotechnology, 79(4): 627 – 632.

Marjokorpi A, Ruokolainen K. 2003. The role of traditional forest gardens in the conservation of tree species in West Kalimantan, Indonesia. Biodiversity and Conservation, 12 (4): 799 – 822.

Massaro R, Bonine C, Scarpinati E, et al. 2010. Viabilidade de aplicação da seleção precoce em testes clonais de *Eucalyptus* spp. Ciência Florestal, 20: 597 – 609.

McKeand S E. 1988. Optimum age for family selection for growth in genetic tests of loblolly pine. Forest Science, 34: 400 – 411.

Mwase W F, Savill P S, Hemery G. 2008. Genetic parameter estimates for growth and form traits in common ash ( *Fraxinus excelsior*, L. ) in a breeding seedling orchard at Little Wittenham in England. New Forests, 36(3): 225 – 238.

Paal J V D, Neyts E C, Verlackt C C, et al. 2015. Effect of lipid peroxidation on membrane per-

meability of cancer and normal cells subjected to oxidative stress. Chemical Science, 7(1):
489 – 498.

Petrov K, Sofronova V, Bubyakina V, et al. 2011. Woody plants of Yakutia and low – temperature stress. Russian Journal of Plant Physiology, 58(6): 1011 – 1019.

Polezhaeva M A, Lascoux M, Semerikov V L. 2010. Cytoplasmic DNA variation and biogeography of Larix Mill. in Northeast Asia. Molecular Ecology, 19(6): 1239 – 1252.

Polezhaeva MA, Semerikov VL, Pimenova EA. 2013. Genetic diversity of larch at the north of Primorskii Krai and limits of Larix olgensis A. Henry distribution. Russ. J. Genet. , 5: 497 – 502.

Rigão MH, Storck L, Bisognin DA, et al. 2009. Correlação cançãica entre caracteres de tubérculos para seleção precoce de clones de batata. Ciência Rural, 39: 2347 – 2353.

Safavi SA, Pourdad SA, Mohmmad T, et al. 2010. Assessment of genetic variation among safflower (Carthamus tinctorius L. ) accessions using agro – morphological traits and molecular markers. Journal of Food Agriculture & Environment, 8(3): 616 – 625.

Sassner P, Galbe M, Zacchi G. 2005. Steam pretreatment of salix with and without $SO_2$ impregnation for production of bioethanol. Applied Biochemistry & Biotechnology Part A Engineering & Biotechnolgy, 124 (1 – 3): 1101 – 1117.

Silva F, Pereira MG, Ramos HC, et al. 2008. Selection and estimation of the genetic gain in segregating generations of papaya (Carica papaya L. ). Crop Breeding & Applied Biotechnology, 8: 1 – 8.

Sumida A, Miyaura T and Hitoshi T. 2013. Relationships of tree height and diameter at breast height revisited: analyses of stem growth using 20 – year data of an even – aged chamaecyparis obtuse stand. Tree Physiology, 33(1): 106 – 118.

Takaaki F, Kazuhito K, Kazuko U, et al. 2006. Age trends in the genetic parameters of wood density and the relationship with growth rates in hybrid larch (Larix gmelinii var. japonica × L. kaempferi ) $F_1$. The Japanese Forest Society, 11: 157 – 163.

Thumma B R, Matheson B A, Zhang D, et al. 2009. Identification of a cis – acting regulatory polymorphism in a eucalypt COBRA – like gene affecting cellulose content. Genetics, 183 (3): 1153 – 1164.

Thumma B R, Nolan M F, Evans R, et al. 2005. Polymor – phisms in cinnamoyl CoA reductase (CCR) are associated with variation in microfibril angle in Eucalyptus spp. Genetics, 171 (3): 1257 – 1265.

Tian J, Chang M, Du Q, et al. 2014. Single – nucleotide polymorphisms in PtoCesA7 and their association with growth and wood properties in Populus tomentosa. Molecular Genetics and Genomics, 289(3): 439 – 455.

Vasyutkina E A, Adrianova I Y, Kozyrenko M M, et al. 2007. Genetic differentiation of larch populations from the Larix olgensis range and their relationships with larches from Siberia and Russian Far East. Forest Science and Technology, 3(2): 132 – 138.

Vasyutkina E A, Reunova G D, Tupikin A E, et al. 2014. Mitochondrial DNA variation in olga bay larch (*Larix olgensis* A. Henry) from primorsky krai of Russia. Russian Journal of Genetics, 50(3): 253 –260.

Vera M L. 1997. Effects of altitude and seed mass on germination and seedling survival of heathland plants in north Spain. Plant Ecology, 133: 101 – 106.

Wang B J, Zhang H B, Wu L, et al. 2013. Property modeling of changbai larch (*Larix olgensis* Henry) veneers in relation to stand and tree variables. Wood and Fiber Science, 3: 314 – 329.

Weng Y H, Tosh K J, Park Y S, et al. 2007. Age – related trends in genetic parameters for Jack Pine and their implications for early election. Silvae Genetica, 56: 242 – 252.

White T L, Hodge G R, Powell G L. 1993. An advanced – generatioan tree improvement plan for salsh pine in the southeastern United States. Silvae Genetica, 42: 359 – 371.

Williams J, Kubelik A, Livak K, et al. 1990. DNA polymorphism amplified by arbitrary primers are useful as genetic markers. Nucleic Acids Res, 18: 6531 – 6535.

Wu S J, Xu J M, Li G Y, et al. 2011. Genotypic variation in wood properties and growth traits of *Eucalyptus* hybrid clones in southern China. New Forests, 42(1): 35 – 50.

Xia H, Zhao G H, Zhang L S, et al. 2016. Genetic variation analyses of growth traits of half – sib *Larix olgensis* families in northeast China. Euphytica, 3: 387 – 397.

Xu N, Loflin P, Chen C Y, et al. 1998. A broader role for AU – richelement – mediated mRNA turnover revealed by a new transcriptional pulse strategy. Nucleic Acids Research, 26, 558 – 565.

Xu Y, Thammannagowda S, Thomas T P, et al. 2013. *LtuCAD*1 is a cinnamyl alcohol dehydrogenase ortholog involved in lignin biosynthesis in *Liriodendron tulipifera* L. a basal angiosperm timber Species. Plant Molecular Biology Reporter, 31(5): 1089 – 1099.

Yang X, Baskin C C, Baskin J M, et al. 2012. Degradation of seed mucilage by soil microflora promotes early seedling growth of a desert sand dune plant. Plant Cell & Environment, 35 (5): 872.

Yin S P, Xiao Z H, Zhao G H, et al. 2017. Variation analyses of growth and wood properties of *Larix olgensis* clones in China. Journal of Forest Research, 28(4): 687 – 697.

Yu Q, Pulkkinen P. 2003. Genotype – environment interaction and stability in growth of aspen hybrid clones. Forest Ecology & Management, 173(1): 25 – 35.

Zeng L H, Zhang Q, He B X, et al. 2013. Age trends in genetic parameters for growth and resin – yielding capacity in masson pine. Silvae Genetica, 62(1): 7 – 18.

Zhang J, Yang K, Yan Q, et al. 2010. Feasibility of implementing thining in even – aged *Larix olgensis* plantations to develop uneven – aged larch – broadleaved mixed forests. Journal of Forest Research, 15(1): 71 – 80.

Zhao X Y, Bian X Y, Liu M R, et al. 2014. Analysis of genetic effects on a complete diallel cross test of *Betula platyphylla*. Euphytica, 200(8): 221 – 229.

Zhao X Y, Li Y, Zhao L, et al. 2013. Analysis and evaluation of growth and adaptive perform-ance of white poplar hybrid clones in different sites. Journal of Beijing Forestry University, 35: 7 – 14.

Zhao X Y, Li Y, Zheng M, et al. 2015. Comparative analysis of growth and photosynthetic char-acteristics of (*Populus simonii* × *P. nigra*) × (*P. nigra* × *P. simonii*) hybrid clones of dif-ferent ploidies. PLOS ONE, 10(4): e0119259.

Zhu J, Yang K, Yan Q, et al. 2010. Feasibility of implementing thinning in even – aged *Larix ol-gensis* plantations to develop uneven – aged larch – broadleaved mixed forests. Journal of For-est Research, 15: 71 – 80.

Zhu J J, Liu Z G, Wang H X, et al. 2008. Effects of site preparation on emergence and early es-tablishment of *Larix olgensis*, in montane regions of northeastern China. New Forests, 36 (3): 247 – 260.

安玉贤, 方桂珍. 1994. 碱处理落叶松材改性的研究. 木材工业, 8(1): 30 – 33.

白奕. 1998. 多指标综合评价的主成分分析模型及原理. 陕西师范大学学报(自然科学版), 02: 109 – 110.

白玉明, 王奉吉, 沈红莉, 等. 2007. 樟子松、长白落叶松种子园经营管理技术研究与探讨. 中国西部科技, 20: 20 – 21.

包晓斌, 操建华. 2008. 中国木材市场分析及政策评述. 林业经济, 2: 24 – 29.

车永贵, 李丽云. 1990. 日本落叶松在高寒山区生长和抗性的研究. 吉林林业科技, 06: 5 – 8.

陈彬. 2018. 不同坡位34年生秃杉人工林生长规律研究. 农村经济与科技, 29(15): 87 – 90.

陈东来, 秦淑英. 1994. 树皮厚度、树皮材积与直径和树高相关关系的研究. 河北林学院学报, 03: 248 – 250.

陈怀梁, 李庆梅, 马凤云, 等. 2010. 超干处理两种落叶松种子的生理生化特征研究. 中国生态农业学报, 03: 570 – 575.

陈奶莲, 汪攀, 吴鹏飞, 等. 2015, 不同杉木半同胞家系种子生物学特性的差异. 森林与环境学报, 03: 230 – 235.

陈全光. 2012. 磁场强度处理对樟子松和长白落叶松抗逆性的影响. 哈尔滨: 东北林业大学.

陈晓阳, 沈熙环. 2005. 林木育种学. 北京: 高等教育出版社.

陈兴彬, 吴德军, 杨克强. 2011. 油松苗期生长性状分析及选择因子的确定. 山东林业科技, 06: 5 – 9.

陈幸良. 2008. 林木良种化的经济政策分析. 世界林业研究, 21(5): 55 – 59.

成俊卿. 1985. 中国木材学. 北京: 中国林业出版社.

崔宝禄, 杨俊明, 杨敏生. 2011. 华北落叶松种子园无性系雌花量与选优性状的相关分析. 安徽农业科学, 16: 9616 – 9617.

崔海涛，张玲敏，高庆才，等．2012．长白落叶松形态特征与生物学特性．现代农业科技，07：212．

代波，杨俊明，杨敏生．2009．木槿种子萌发特性及其子代性状的变异．河北农业大学学报，04：38－42．

段喜华，袁桂华．1997．长白落叶松木材材性株内变异．东北林业大学学报，2：33－36．

方宣钧，吴为人，唐纪良．2001．作物 DNA 标记辅助育种．北京：科学出版社．

方宇，查朝生，周亮，等．2005．不同立地条件的杨树制浆前后纤维形态的比较研究．安徽农业大学学报，32（4）：509－513．

方玉梅，宋明．2006．种子活力研究进展．种子科技，02：33－36．

冯健．2014．日本落叶松扦插生根过程中 SSH 文库构建及主要表达基因分析．辽宁林业科技，（5）：8－13．

冯学军，刘焕成．2014．长白落叶松初级无性系种子园优树子代测定研究．中国林副特产，（4）：44－45．

福克纳．1981．林木种子园．徐燕千，译．北京：中国林业出版．

付警辉，柴婧，韩佳彤，等．2014．落叶松中北美黄杉素对酪氨酸酶的抑制作用．日用化学工业，04：218－221．

高福元，张吉立，刘振平，等．2010．持续低温胁迫对园林树木电导率和丙二醛含量的影响．山东农业科学，2：47－49＋81．

高扬，王有菊，杨世桢，等．2013．杂种落叶松优良家系的选择．中南林业科技大学学报，33（10）：57－60．

耿飒，徐存拴，李玉昌．2003．木质素的生物合成及其调控研究进展．西北植物学报，23（1）：171－181．

龚月桦，樊军峰，周永学，等．2006．奥地利黑松和北美黄杉的抗寒性研究．西北农林科技大学学报，34（12）：105－109．

管玉霞．2006．落叶松部分 cpDNA、mtDNA 及 ITS 序列研究及其应用于落叶松种的鉴定的可行性．北京林业大学．

贯春雨，王福森，李树森，等．2014．阿拉斯加落叶松种子特性与播种育苗技术的研究．防护林科技，03：11－13．

国家质量技术监督局．1999．GB2772－1999 林木种子检验规程．中国标准出版社，北京．

韩艳茹，白玉茹，李向臣，等．2009．长白落叶松优良无性系选择试验．林业科技，34（5）：5－6．

何欢乐，蔡润，潘俊松，等．2005．盐胁迫对黄瓜种子萌发特性的影响．上海交通大学学报（农业科学版），02：148－152＋162．

何学友，杨宗武，付玉狮，等．1997．木麻黄优树子代抗逆适应性家系选择的研究．防护林科技，03：11－15．

贺成林．2004．毛白杨新无性系苗期性状对比研究．北京林业大学．

胡国宣，张友民．1989．长白落叶松林的野生经济植物资源调查．吉林农业大学学报，

03：39－42＋100.

胡立平，毛辉 . 2007. 长白落叶松第二代种子园子代测定技术 . 森林工程，04：16－
　　17＋24.

胡新生，王笑山 . 1999. 论我国兴安落叶松、长白落叶松及华北落叶松种间遗传进化关系
　　（英文）. 林业科学，03：86－98.

黄德龙 . 2008. 柳桉家系适应性试验与遗传变异分析 . 山地农业生物学报，03：207－212.

黄秦军，苏晓华，张香华 . 2002. SSR 分子标记与林木遗传育种 . 世界林业研究，15（3）：
　　14－21.

黄如楚 . 2010. 桉树木材加工利用研究现状 . 桉树科技，1（27）：69－74.

黄寿先，施季森，李力，等 . 2005. 杉木纤维用材优良无性系的选择 . 南京林业大学学报
　　（自然科学版），29（5）：21－24.

贾庆斌，张含国，张磊 . 2016. 杂种落叶松家系变异分析与多性状联合选择 . 东北林业大
　　学学报，08：1－6.

姜静，杨光，祝泽兵，等 . 2011. 白桦强化种子园优良家系选择 . 东北林业大学学报，39
　　（1）：1－4.

金研铭，徐惠风，李亚东，等 . 1999. 牡丹引种及其抗寒性的研究 . 吉林农业大学学报，
　　02：40－42.

靳紫宸，时英，高一林，等 . 1985. 落叶松苗抗寒性的形态解剖观察 . 吉林林业科技，
　　02：2－6.

赖猛 . 2014. 落叶松无性系遗传评价与早期选择研究 . 北京：中国林业科学研究院 .

李帮同 . 2018. 山西林木品种选育及良种生产思路研究 . 山西林业，（05）：8－9＋48.

李储山，张青宇，轩志龙，等 . 2014. 长白落叶松人工林生长过程及其经济效益的研究 .
　　吉林林业科技，05：31－32＋46.

李东升，陈霞，杜宝昌，等 . 2011. 长白落叶松的采种与良种选育 . 中国西部科技，10
　　（32）：49－51.

李凤鸣，李学，冯启祥，等 . 1996. 长白落叶松优树自由授粉优良家系评选 . 吉林林业科
　　技，03：53－54.

李坚 . 2006. 中国主要树种木材物理力学性质 . 哈尔滨：东北林业大学出版社 .

李景云，于秉君，褚延广，等 . 2002. 帽儿山地区 21 年生长白落叶松种源试验 . 东北林业
　　大学学报，30（4）：114－117.

李俊英 . 2003. 铜锌元素及酶活性与华北落叶松抗逆性的研究 . 山西：山西农业大学 .

李民栋，纪文兰 . 1994. 兴安落叶松化学组成的研究 . 中国造纸，（1）：58－60.

李庆梅，付增娟，张洪燕 . 2007. 壳聚糖对长白落叶松和侧柏种子萌发的影响 . 林业科学
　　研究，04：524－527.

李巍巍 . 2009. 不同种源长白落叶松生长与纸浆材材性研究 . 哈尔滨：东北林业大学 .

李晓楠 . 2011. 山西省华北落叶松天然种群遗传多样性的 AFLP 分析 . 山西大学黄土高原
　　研究所 .

李新国, 张志毅, David M O. 2001. 火炬松木质素合成中 CAD 基因单核苷酸多态性检测. 北京林业大学学报, 23(6): 5 - 128.

李艳霞, 张含国, 邓继峰, 等. 2012 (a). 长白落叶松木心基本密度与材性指标相关及建筑材优良家系选择研究. 北京林业大学学报, 9(5): 6 - 14.

李艳霞, 张含国, 张磊, 等. 2012(b). 长白落叶松纸浆材优良家系多性状联合选择研究. 林业科学研究, 25(6): 712 - 718.

李艳霞, 周显昌, 康迎昆, 等. 2010. 长白落叶松初级种子园优树子代测定及优良家系的选择. 林业科技, 35(4): 7 - 10.

李艳霞, 廉毅. 2017. 长白落叶松子代林木材物理力学性能研究. 林业调查规划, 42(4): 28 - 30 + 54.

李自敬, 李雪峰, 等. 2008. 长白落叶松优良家系选择的研究. 林业科技, 04: 1 - 4.

梁德洋, 金允哲, 赵光浩, 等. 2016. 50 个红松无性系生长与木材性状变异研究. 北京林业大学学报, 06: 51 - 59.

梁国玲, 周青平, 颜红波. 2007. 聚乙二醇对羊茅属 4 种植物种子萌发特性的影响研究. 草业科学, 24 (6): 50 - 54.

林玲, 王军辉, 罗建, 等. 2014. 砂生槐天然群体种实性状的表型多样性. 林业科学, 04: 137 - 143.

林益明, 林鹏, 王通. 2000. 几种红树植物木材热值和灰分含量的研究. 应用生态学报, 11(2): 181 - 184.

刘佳, 徐秉良, 薛应钰, 等. 2014. 美洲南瓜(*Cucurbita pepo*)种皮苯丙氨酸解氨酶基因克隆与表达分析. 中国农业科学, 47(6): 1216 - 1226.

刘克俭, 王江, 张明, 等. 2016. 长白落叶松优良半同胞家系与无性系选择技术. 吉林林业科技, 45 (6): 5 - 10.

刘录. 1998. 长白落叶松种子园优良无性系选择方法研究. 林业实用技术, 1: 13 - 15.

刘录, 于志刚, 董海森, 等. 1997. 长白落叶松种子园种子播种品质差异研究. 防护林科技, 02: 11 - 14.

刘明池. 1992. 黄瓜幼苗在低温下相对电导率、SOD 及可溶蛋白含量的变化. 华北农学报, 02: 118 - 119.

刘奕清, 李会合, 陈泽雄. 2007. 尾巨桉幼苗对低温胁迫的生理生化反应. 福建林业科技, 34(4): 24 - 26, 62.

刘永红, 杨培华, 樊军锋, 等. 2006. 油松优良家系多性状选择方法研究. 西北农林科技大学学报(自然科学版), 12: 115 - 120.

柳学军, 曹福亮, 汪贵斌, 等. 2006. 不同落羽杉种源木材密度的变异. 南京林业大学学报(自然科学版), 30(4): 51 - 54.

陆文达, 刘一星, 崔永志. 1993. 不同地理种源的人工林长白落叶松木材材性的研究. 木材工业, 1: 34 - 37.

罗建勋, 顾万春. 2004. 云杉天然群体种实性状变异研究. 西北农林科技大学学报(自然科学版)，08：60 – 66.

罗建中，Roger A，项东云，等 . 2009. 邓恩桉生长、木材密度和树皮厚度的遗传变异研究 . 林业科学研究，06：758 – 764.

吕仕洪，张建亮，尤业明，等 . 2012. 喀斯特乡土树种伊桐的种实性状及幼苗生长特征 . 广西植物，05：637 – 643.

马常耕，王建华，刘德英 . 1986. 我国落叶松属种子发芽生物学比较研究 . 种子，Z1：21 – 23 + 26 + 40.

马华文，许翠清，李海朝 . 2008. 立地条件对长白落叶松光合特性的影响 . 东北林业大学学报，36(8)：4 – 7.

满文慧，崔雅君，李国林 . 2006. 天然长白松干形的研究 . 吉林林业科技，06：21 – 25.

蒙宽宏，张文达 . 2014. 长白落叶松半同胞子代测定及优良家系的选择 . 林业勘查设计，03：62 – 64.

穆怀志，刘桂丰，姜静，等 . 2009. 白桦半同胞子代生长及木材纤维性状变异分析 . 东北林业大学学报，37(3)：1 – 8.

宁坤，刘笑平，林永红，等 . 2015. 白桦子代遗传变异与纸浆材优良种质选择 . 植物研究，35(1)：39 – 46.

潘志清，等 . 1995. 长白落叶松优良无性系选择的研究 . 辽宁林业科技，(3)：8 – 10.

裴文，李鹏，裴海潮，等 . 2014. 低温条件下 9 种木兰科植物抗寒性研究 . 河南农业科学，04：101 – 105.

彭方仁 . 1992. 新西兰福射松遗传改良研究新进展 . 世界林业研究，4：45 – 52.

乔华，谢鋆，张晓云 . 2003. 北美黄杉素的生物活性及其应用 . 中草药，08：112 – 114.

秦桂珍 . 2011. 23 年生长白落叶松半同胞家系子代测定及优良家系的选择 . 黑龙江生态工程职业学院学报，06：7 – 8.

秦晓佳，等 . 2012. 不同地理种源马尾松种子性状及芽苗生长分析 . 种子，01：14 – 17.

曲丽娜，王秋玉，杨传平 . 2007. 兴安、长白及华北落叶松 RAPD 分子标记的物种特异性鉴定 . 植物学通报，24(4)：498 – 504.

任惠，王小娟，刘业强，等 . 2016. 应用电导率法和 Logistic 方程测定杨桃枝条抗寒性的研究 . 西南农业学报，29(3)：662 – 667.

阮松林，薛庆中 . 2002. 盐胁迫条件下杂交水稻种子发芽特性和幼苗耐盐生理基础 . 中国水稻科学，03：84 – 87.

邵亚丽，邢新婷，赵荣军，等 . 2012. 不同林分长白落叶松木材气干密度和主要力学性质的变异性与相关性 . 中南林业科技大学学报，32(2)：141 – 146.

沈熙环 . 1994. 种子园优质高产技术 . 北京：中国林业出版社 .

时立文 . 2012. SPSS 19. 0 统计分析从入门到精通 . 中国：清华大学出版社 .

史永纯，宋林，梁晶，等 . 2011. 坡位和坡向对长白落叶松纸浆材材性的影响 . 东北林业大学学报，39(7)：30 – 31.

宋廷茂，印佩文，程涛，等 . 1990. 兴安落叶松种子催芽技术的研究 . 北京林业大学学报，

12：68 - 71.

宋修鹏，黄杏，莫凤连，等.2013.甘蔗苯丙氨酸解氨酶基因(*PAL*)的克隆和表达分析.中国农业科学，46(14)：2856 - 2868.

孙晓梅，张守攻，侯义梅，等.2004.短轮伐期日本落叶松家系生长性状遗传参数的变化.林业科学，06：68 - 74.

孙玉芬，卢炎生.2007.一种基于网格方法的高维数据流子空间聚类算法.计算机科学，04：199 - 203 + 221.

谭晓风，胡芳名.1997.分子标记及其在林木遗传育种研究中的应用.经济林研究，15(2)：19 - 22.

唐立群，肖层林，王伟.2012.SNP 分子标记的研究及其应用进展.中国农学通报，28(12)：154 - 158.

唐仲秋，郑秀云，刘学爽，等.2018.加格达奇不同种源长白落叶松木材密度变异分析.防护林科技，(08)：50 - 52.

陶嘉龄，郑光华.1991.种子活力.北京：科学出版社.

王昊.2013.林木种子园研究现状与发展趋势.世界林业研究，26(04)：32 - 37.

王洪梅，刘国军，丰庆义，等.2011.长白落叶松半同胞子代遗传增益分析.林业科技，06：1 - 4.

王继志，黄英山，张光林，等.1990.长白落叶松种子园优良无性系的选择及其主要性状的相关分析.吉林林业科技，03：8 - 11.

王金国，闫朝福，张含国，等.2011.苇河青山林木良种基地优异种质资源评价.东北林业大学学报，39(7)：25 - 29 + 45.

王瑾，刘强，罗炘武，等.2015.海南岛红厚壳不同种源种子表型性状和萌发特性研究.广东农业科学，13：48 - 53.

王丽娜.2007.我国林木良种与良种基地发展建设的政策与机制性研究.东北林业大学.

王璐珺，丁彦芬.2016.低温胁迫对 4 种景天属植物恢复生长后的生理影响.江苏林业科技，03：5 - 8 + 11.

王猛，曹福祥，王仕利，等.2010.马尾松苯丙氨酸解氨酶基因的克隆与序列分析.中南林业科技大学学报，30(1)：79 - 83.

王明庥.2001.林木遗传育种学.北京：中国林业出版社.

王天龙.2004.落叶松脱脂研究的现状及发展趋势.木材加工机械，4：22 - 24.

王宣.2008.低温对长白落叶松花粉生命力的影响.防护林科技，03：29 - 30.

王娅丽，李毅.2008.祁连山青海云杉天然群体的结实性状表型多样性.植物生态学报，02：355 - 362.

王艳红，贾庆斌，张磊，等.2016.长白落叶松 *4CL* 基因单核苷酸多态性及其与木材材性的关联分析.植物研究，36(2)：242 - 251.

王颖，刘克俭，王江，等.2016.长白落叶松 1.5 代种子园营建技术.吉林林业科技，45(5)：4 - 6.

王章荣 . 2012. 高世代种子园营建的一些技术问题 . 南京林业大学学报（自然科学版），01：8 – 10.

王志波，季蒙，任建民，等 . 2012. 不同种源华北落叶松种子发芽特性研究 . 内蒙古林业科技，04：11 – 15.

王志波，季蒙，周玉杰，等 . 2015. 兴安落叶松不同种源发芽特性研究 . 林业科技，01：14 – 17.

魏志刚，高玉池，杨传平，等 . 2009. NaCl 胁迫下盐松不同种源种子的发芽特性 . 种子，08：9 – 13.

乌凤章，赵伟，孙美清，等 . 2002. 低温胁迫对黑松针叶及其枝条的影响 . 沈阳农业大学学报，33(3)：178 – 181.

吴子欢，邓桂香 . 2010. 黑荆树半同胞子代林幼林测定及优良家系初步选择 . 种子，03：105 – 108.

武惠肖，吉艳芝，何海龙，等 . 2000. 落叶松几个抗寒生理指标研究 . 河北林果研究，02：105 – 109.

夏辉，赵国辉，司冬晶，等 . 2016. 中国林木种子园建设与管理技术探讨 . 西部林业科学，02：46 – 51.

邢新婷，邵亚丽，安珍，等 . 2013. 长白落叶松木材单根管胞力学性能分析 . 安徽农业大学学报，40(4)：597 – 602.

徐焕文，刘宇，李雅婧，等 . 2013. 白桦三倍体制种园中各家系种子活力比较 . 西南林业大学学报，05：34 – 39.

徐有明，涂可高，叶新山，等 . 1997. 火炬松种源木材化学成分的变异 . 林产化学与工业，1(17)：73 – 78.

徐悦丽，张含国，施天元，等 . 2013. 长白落叶松群体 4CL 基因单核苷酸多态性分析 . 植物研究，33(2)：208 – 213.

徐悦丽 . 2012. 长白落叶松群体遗传变异及 4CL 基因单核苷酸多样性的研究［D］. 东北林业大学 .

许峰，朱俊，张凤霞，等 . 2008. 国槐苯丙氨酸解氨酶基因的克隆、反义表达载体构建及遗传转化 . 林业科学研究，21(5)：611 – 618.

续九如 . 2006. 林木数量遗传学 . 北京：中国林业出版社 .

薛永常，李金花，卢孟柱，等 . 2004. 107 杨次生木质部 PAL 基因的 RT – PCR 扩增及其鉴定 . 林业科学，40(4)：193 – 197.

颜启传 . 2001. 种子学 . 北京：中国农业出版社 .

杨传平，刘桂丰 . 2001. 长白落叶松种群地理变异研究 . 应用生态学报，12(6)：801 – 805.

杨传平，杨书文，刘桂丰，等 . 1991 (a). 长白落叶松生长性状的稳定性分析 . 东北林业大学学报，S2：32 – 37.

杨传平，杨书文，吕清友，等 . 1991 (b). 长白落叶松最佳种源选择的研究 . 东北林业大学学报, S2: 19 - 25.

杨会肖, 刘天颐, 徐斌, 等. 2016. 火炬松生长和松脂性状相关候选基因的单核苷酸多样性分析. 华南农业大学学报, 37(1): 75 - 81.

杨书文, 杨传平, 夏德安, 等. 1991. 帽儿山地区长白落叶松种源选择的研究. 东北林业大学学报, S2: 38 - 45.

杨淑红, 张瑞粉, 孙淑云. 2009. AFLP 分子标记技术在杨树遗传育种中的应用. 河南林业科技, 29(2): 55 - 58.

姚延梼. 2006. 华北落叶松营养元素及酶活性与抗逆性研究. 北京: 北京林业大学.

姚宇, 张含国, 张振, 等. 2013. 去劣疏伐对长白落叶松初级无性系种子园 SSR 遗传多样性的影响. 中南林业科技大学学报, 33(3): 40 - 45.

易敏, 张守攻, 谢允慧, 等. 2015. 日本落叶松纤维素合酶基因片段的克隆及单核苷酸多态性分析. 林业科学研究, 28(3): 303 - 310.

尹绍鹏, 赵国辉, 夏辉, 等. 2016. 长白落叶松半同胞子代测定研究. 西南林业大学学报, 36(1): 64 - 69.

尹思慈. 1992. 木材学. 北京: 中国林业出版社.

于秉君, 等. 1988. 5 年生长白落叶松的种源试验研究. 东北林业大学学报, 3: 27 - 33.

于大德. 2014. 华北落叶松种子园遗传多样性及亲本分析. 北京林业大学.

于宏影, 张含国, 刘灵, 等. 2017. 凉水林场长白落叶松种源材性变异分析及优良种源选择. 西南林业大学学报(自然科学), 37(03): 40 - 46.

于宏影, 张含国, 赵畅, 等. 2015 (a). 基于多点解析木的长白落叶松纸浆材优良种源选择. 西北林学院学报, 30 (5): 202 - 208.

于宏影. 2015(b). 基于多点解析木的长白落叶松优良种源选择. 东北林业大学,

于世权, 杨玉林. 1993. 辽宁省林木良种繁育发展策略. 辽宁林业科技, 05: 3 - 7.

虞光辉, 王桂平, 王亮, 等. 2015. 小麦 PAL 基因的克隆及赤霉菌诱导下的表达分析. 植物遗传资源学报, 15(6): 1055 - 1061.

张才喜, 庄天明, 谢黎君, 等. 1998. NaCl 胁迫对不同品种番茄种子发芽特性的影响. 上海农学院学报, 03: 209 - 212.

张大勇, 李文滨, 李冬梅, 等. 2009. 大豆叶片异黄酮含量与 PAL 基因相对表达量的关系. 大豆科学, 28(4): 670 - 673.

张含国, 潘本立. 1997. 中国兴安、长白落叶松遗传育种研究进展. 吉林林学院学报, (4): 197 - 202.

张洪伟. 2008. 青虾 ITS1 序列 SNP 位点的筛选及其在杂交遗传分析中的应用. 南京: 南京农业大学, 3.

张辉, 董雷鸣, 曾燕如, 等. 2014. 山核桃天然群体家系种实和幼苗性状变异分析. 林业科技开发, 28 (3): 93 - 95.

张建国, 段爱国, 张俊佩, 等. 2006, 不同品种大果沙棘种子特性研究. 林业科学研究, 06: 700 - 705.

张克, 仝延宇. 2001. 长白落叶松良种选育的研究进展. 林业科技, 26(4): 8 – 9.

张磊. 2012. 干旱胁迫下长白落叶松家系变异的研究. 东北林业大学.

张谦, 曾令海, 何波祥, 等. 2013. 马尾松自由授粉家系产脂力的年度变化及遗传分析. 林业科学, 01: 48 – 52.

张新叶, 白石进, 黄敏仁. 2004. 日本落叶松群体的叶绿体 SSR 分析. 遗传, 26(4): 486 – 490.

张鑫鑫, 夏辉, 赵昕, 等. 2017. 长白落叶松种子园亲本生长与结实性状综合评价. 植物研究, 37(06): 933 – 940.

张永安. 2010. 环境条件对长白落叶松的影响. 农村科学实验, 07: 23.

张有慧, 解孝满, 李景涛, 等. 2008. 毛白杨无性系多性状综合分析. 山东林业科技, 02: 31 – 33.

张振, 张含国, 张磊. 2016. 红松自由授粉子代家系生产力年度变异与家系选. 植物研究, 36(2): 305 – 309.

赵冬芹, 李晓娜, 周绮婷, 等. 2008. 植物生理实验教学中"高温和低温对植物伤害"实验的三种最佳条件初探. 植物生理学通讯, 04: 762.

赵凯歌. 2007. 用形态标记和分子标记研究蜡梅栽培种质的遗传多样性. 华中农业大学.

赵曦阳, 王军辉, 张金凤, 等. 2008. 梓树属 4 个种种子表型性状和发芽特性的研究. 西北农林科技大学学报(自然科学版), 12: 149 – 154.

赵曦阳, 邬荣领. 2013. 白杨杂交育种. 北京: 中国林业出版社.

赵曦阳. 2010. 白杨杂交试验与杂种无性系多性状综合评价. 北京林业大学.

郑兰长, 田国行, 蒋小平, 等. 1999. 不同种源毛泡桐种子发芽状况及其聚类分析. 生物数学学报, 01: 86 – 89.

郑勇奇. 2001. 常规林木育种研究现状与发展趋势. 世界林业研究, 14(3): 10 – 17

郑重. 2002. 长白落叶松良种选育研究的方法与现状. 森林工程, 18(3): 3 – 4.

钟泰林, 李根有, 石柏林. 2009. 低温胁迫对四种野生常绿藤本植物抗寒生理指标的影响. 北方园艺, 09: 161 – 164.

仲强, 康蒙, 郭明, 等. 2011. 浙江天童常绿木本植物的叶片相对电导率及抗寒性. 华东师范大学学报(自然科学版), 04: 45 – 52.

周连忠, 王洪鹏. 2012. 低温对长白落叶松花粉生命力影响的研究. 农村实用科技信息, 07: 65.

周生茂, 王玲平, 向珣, 等. 2008. 山药 PAL 基因全长 cDNA 序列的克隆、表达与分析. 核农学报, 22(6): 781 – 788.

周显昌, 陈金典, 吴茂昌, 等. 1987. 长白落叶松种源试验初报. 林业科技, 2: 9 – 11.

周旭昌, 周晓萌, 赵莹. 2014. 施肥对长白落叶松结实量及种子品质的影响. 防护林科技, 02: 31 – 33 + 62.

周鉴. 2001. 中国落叶松属木材. 北京: 中国林业出版社, 171 – 179.

周玉萍, 刘华伟, 冯永新, 等. 2002. 过氧化氢与氯化钙对香蕉幼苗抗寒性的影响. 广州大学学报(自然科学版),02:33-36.

周长富,陈宏伟,李桐森,等.2008.思茅松优树半同胞子代测定林优良家系选择.福建林业科技,03:60-66.

朱宁华,李志辉,李芳东.2000.桉树耐寒性与超氧化物歧化酶关系研究.中南林学院学报,03:63-66.

朱湘渝,王瑞玲,佟永昌,等.1993.10个杨树杂种组合木材密度与纤维遗传变异研究.林业科学研究,6(2):131-135.

祝燕,李国雷,李庆梅,等.2013.持续供氮对长白落叶松播种苗生长及抗寒性的影响.南京林业大学学报(自然科学版),01:44-48.